MITTELSCHULE

Abschluss-Prüfungsaufgaben mit Lösungen

Geografie

Mündliche Prüfung
Realschulabschluss
Sachsen

STARK

Dieser Band wurde nach den Regeln der neuen Rechtschreibung abgefasst.

ISBN 3-89449-552-9

Inhalt

Autorinnen:

Monika Fuchs, Dana Hohenberg

Vorwort

Liebe Schülerinnen und Schüler,

mit diesem Band möchten wir Sie bei der Vorbereitung auf die mündliche Realschulabschlussprüfung im Fach Geografie unterstützen.
Den Aufgabenbeispielen zu allen wichtigen geografischen Prüfungskomplexen ist eine kurze Einführung mit **Hinweisen** zu den **Prüfungsanforderungen** sowie **hilfreichen Tipps** zur **Prüfungsvorbereitung** vorangestellt. Der Einführungsteil enthält zudem eine Auflistung der wichtigsten **Operatoren** im Fach Geografie, die anhand von Beispielen erläutert werden.

Der Hauptteil des Bandes besteht aus **Aufgabenbeispielen** mit möglichen Themenbereichen der mündlichen Prüfung. Diese richten sich nach den inhaltlichen Schwerpunkten des Lehrplans im Fach Geografie. Berücksichtigen Sie bitte, dass die Fragestellungen nur Beispielcharakter besitzen, Ihr prüfender Fachlehrer wird sich keinesfalls exakt an diese Aufgabenstellungen halten.
Die von Ihnen geforderte Prüfungsleistung wird für jede Aufgabe in einem **Lösungsvorschlag** zusammengefasst. Hier wird jeweils aufgezeigt, wie Ihre Beantwortung der Fragen bzw. Ihr Prüfungsvortrag aussehen könnte.

Über das **Stichwortverzeichnis** am Ende des Bandes können Sie gezielt nach Schlagworten, die im Lösungsteil der Aufgaben genannt werden, suchen. Das erleichtert Ihnen die Nutzung dieses Bandes zusätzlich.

Wir hoffen, dass wir Sie mit diesem Buch bei Ihrer Prüfungsvorbereitung unterstützen können und wünschen Ihnen eine erfolgreiche Prüfung.

Die Autorinnen

Monika Fuchs　　　　Dana Hohenberg

Hinweise und Tipps für die mündliche Abschlussprüfung im Fach Geografie

1 Allgemeine Bestimmungen für die mündliche Realschulprüfung

Für alle Realschüler Sachsens gibt es eine Reihe von Vorschriften, welche die Prüfungen in der Klassenstufe 10 regeln. Zu den wichtigsten Bestimmungen zählen folgende:

- Die Prüfung zum Erwerb des Realschulabschlusses umfasst neben den schriftlichen auch **zwei mündliche** Prüfungen. Wenn der Schüler die erste Fremdsprache in mündlicher Prüfungsform absolviert, sind es insgesamt drei.
- Der Prüfungsausschuss legt die Prüfungsfächer fest und berücksichtigt dabei in der Regel die Wünsche der Prüflinge.
  Sie haben die Möglichkeit, das Fach **Geografie** als **mündliches Prüfungsfach** zu wählen. Der Termin zur Abgabe der Prüfungswünsche wird Ihnen im Vorfeld bekannt gegeben.
- Zur Vorbereitung auf die Prüfung werden von den Fachlehrern Beratungsmöglichkeiten bzw. **Konsultationen** angeboten, die Sie unbedingt in Anspruch nehmen sollten. Beachten Sie den eigens dafür erstellten Konsultationsplan.
- Der Prüfungszeitraum ist für Sachsen einheitlich festgelegt. Es wird durch den Prüfungsausschuss gewährleistet, dass jeder Prüfling an einem Tag nur in einem Fach geprüft wird.
- Der **Prüfungsablaufplan** wird rechtzeitig ausgehängt.
- Nehmen Sie ohne wichtigen Grund an der Prüfung nicht teil, so gilt diese als nicht bestanden. Das entscheidet der Vorsitzende des Prüfungsausschusses. Ein wichtiger Grund könnte Krankheit sein. Hierfür kann ein ärztliches Attest verlangt werden.
- Zu einem Ausschluss von der Prüfung bzw. einer Benotung mit dem Prädikat „ungenügend“ in diesem Fach kann es kommen, wenn der Prüfungsteilnehmer eine Täuschungshandlung begeht oder nicht zugelassene Hilfsmittel benutzt bzw. Beihilfe zur Täuschung unternimmt.
- Bei der mündlichen Prüfung entscheidet der Fachausschuss über die Endnote. Diese wird zu gleichen Teilen aus der Jahresnote und der Prüfungsnote gebildet.

2 Die Prüfungsvorbereitung

Vor den mündlichen Prüfungen liegt die Beratungs- bzw. **Konsultationszeit**. Für das Fach Geografie werden meist ein bis zwei Beratungen durch den Fachlehrer angeboten. Eine einheitliche Regelung gibt es nicht. Fragen Sie diesbezüglich bei Ihrem Fachlehrer nach und informieren Sie sich über die genauen Zeiten am Konsultationsplan.

Die Konsultationszeit dient im besonderen Maße der **zielgerichteten Vorbereitung** auf das Prüfungsfach in der **Endphase**. Eine Teilnahme ist unbedingt notwendig,

denn hier können noch alle auftretenden Fragen gestellt und beantwortet werden. Hier kann Ihnen der Fachlehrer auch wertvolle **Tipps** geben.
Voraussetzung für den Besuch der Konsultation ist, dass Sie sich mit den Inhalten der Prüfung vertraut gemacht haben. Eine Konsultation ist auf gar keinen Fall eine komplette Wiederholung des Unterrichtsstoffes, sondern versteht sich als **gezielte Hilfestellung** bei noch ausstehenden Fragen zu fachlichen und organisatorischen Aspekten der Prüfung.

Weiterhin können Sie sich durch das **Üben eines Prüfungsvortrages** auf die Prüfung vorbereiten. Sie erlangen so mehr Selbstsicherheit und verbessern Ihr Sprach- und Zeitgefühl.

Nicht zuletzt bedeutet Prüfungsvorbereitung auch, dass Sie sich im Vorfeld genau über den Ort und den Beginn der Prüfung informieren (Aushänge lesen). Beachten Sie dabei die Informationen zur Vorbereitungszeit. Meist steht in den Aushängen nur Ihre Prüfungszeit und Sie müssen die Vorbereitungszeit selbst dazu rechnen.

3 Die Prüfungsanforderungen im Fach Geografie

Für die mündliche Realschulprüfung Geografie werden vom Staatlichen Ministerium für Kultus (SMK) keine thematischen Schwerpunkte vorgegeben. Die Prüfungsthemen werden vom Fachlehrer erarbeitet und vom Vorsitzenden des Prüfungsausschusses (meist der Schulleiter) bestätigt.

Die mündliche Prüfung im Fach Geografie ist eine **Einzelprüfung** mit einer Dauer von **15 Minuten**. Zuvor erhält der Prüfling **20 Minuten Vorbereitungszeit**. Nach der Prüfung erfolgt die Auswertung durch den Prüfungsausschuss.

In Ihrem **Prüfungsvortrag** stellen Sie die Antworten der Fragen vor. Halten Sie sich an die durch die Fragen vorgegebene Gliederung und gehen Sie systematisch vor. Beachten Sie hierbei außerdem folgende **Kriterien**:

- Drücken Sie sich klar und verständlich aus und setzen Sie sich selbstständig so exakt und umfangreich wie möglich mit dem Inhalt der jeweiligen Frage auseinander.
- Konzentrieren Sie sich auf das Wesentliche, bringen Sie Überlegungen in Zusammenhänge und begründen Sie dies gegebenenfalls.
- Wenden Sie geografische Grundbegriffe und Verfahrenstechniken möglichst selbstständig an. Greifen Sie auf Materialien, insbesondere Karten, die sich im Prüfungsraum befinden, zurück und zeigen alle topografischen Fakten daran auf.
- Nutzen Sie die Impulse des Fachlehrers und achten Sie auf eine logische Argumentation, die Sie überzeugend und schlüssig vortragen.

In dem von Ihnen gewählten Prüfungskomplex, den Sie im Rahmen der mündlichen Prüfung bearbeiten müssen, wird nicht nur **Fachwissen** gefordert, sondern es wird von Ihnen auch verlangt, dass Sie eine Reihe von **Arbeits-** und **Auswertungsmethoden** anwenden können. Dazu gehört es, Zusammenhänge herzustellen, Klimadiagramme auszuwerten, Zeichnungen anzufertigen, Schlussfolgerungen zu ziehen, Grafiken/Tabellen/Übersichten/Profile auszuwerten bzw. zu interpretieren, Bildmaterial zuzuordnen, Fakten zu vergleichen, Meinungen zu begründen sowie Stellung zu beziehen.

Diese Arbeitsanweisungen werden auch als **Handlungsanweisungen** oder **Operatoren** bezeichnet. In der Phase Ihrer Prüfungsvorbereitung haben Sie die Möglichkeit, Sicherheit im Umgang mit den wichtigsten Handlungsanweisungen für das Fach Geografie zu erlangen. Wenn Sie mit den Aufgaben dieses Bandes üben, dann lesen Sie die jeweilige Aufgabe mit der Arbeitsanweisung immer genau durch und versuchen Sie, sich möglichst rasch einen Überblick über Umfang und Bearbeitungszeit einer Aufgabe zu verschaffen.

Die nachfolgende Vorstellung der Operatoren erfolgt in **drei Kategorien**: Die **einfachen** Operatoren verlangen von Ihnen vor allem einfache Darstellungen, Beschreibungen und das Wiedergeben bestimmter Sachverhalte. Die Operatoren des **mittleren** Anforderungsbereiches erfordern von Ihnen bereits die eingehende Beschäftigung mit einem Thema sowie das Aufzeigen typischer Merkmale, Zusammenhänge und Wechselwirkungen. Hier kann von Ihnen bereits verlangt werden, dass Sie Erkenntnisse aus dem Unterricht auf andere Beispiele übertragen können. Im **höchsten** Anforderungsbereich müssen Sie stichhaltige Begründungen und Bewertungen vorlegen, Ihre persönliche Meinung bzw. eine eigene Stellungnahme bildet meist den Abschluss solcher Arbeitsanweisungen. Auch innerhalb der Kategorien findet noch eine Gewichtung statt: zu Beginn stehen die leichteren Anweisungen, gefolgt von den schwereren.

Operatoren des einfachen Anforderungsbereiches

Nennen	Der Sachverhalt wird ohne Erklärung angeführt.
Definieren	Der Begriff muss inhaltlich exakt wiedergegeben werden.
Darstellen	Ein Sachverhalt wird beispielsweise durch grafische Mittel (z. B. das Anfertigen einer Skizze) veranschaulicht.
Beschreiben	Ein Sachverhalt wird durch umfassende Angaben ausgedrückt.
Wiedergeben	Die Inhalte werden mit eigenen Worten wiederholt bzw. zusammengefasst (dabei sollte das Wesentliche vom Unwesentlichen getrennt werden).

Beispiele

- ***Stellen*** *Sie das Modell der Landschaftskomponenten mit ihren Wechselwirkungen* ***dar***.

  Materialgrundlage: Karte der Geozonen der Erde, Wandkarte
  Ihre Aufgabe ist es, die Zusammenhänge zwischen den Landschaftskomponenten Klima, Wasserhaushalt, Vegetation, Tierwelt, Relief, Geologie und Böden zu erkennen und zu formulieren. Es bietet sich hier an, eine vereinfachte Skizze zu erstellen, anhand derer die Komponenten einzeln betrachtet und ihre Wechselwirkungen untereinander dargestellt werden können. Eine genauere Erklärung einzelner Abläufe oder Wirkungsprozesse ist an dieser Stelle aber nicht gefordert.

- ***Beschreiben*** *Sie die Verteilung der Weltbevölkerung.*

  Materialgrundlage: Atlas, Wandkarte
  Ihre Aufgabe besteht darin, sowohl die Räume, in denen eine besonders hohe Bevölkerungszahl verzeichnet wird (Ballungsräume) als auch jene Regionen, die weniger dicht besiedelt sind (z. B. Wüstengebiete) zu benennen. Dann sind Sie in der Lage, das räumliche Ungleichgewicht bei der Verteilung der Weltbevölkerung zu erkennen und zu beschreiben. Ziehen Sie zur Bearbeitung geeignete Atlaskarten heran und zeigen Sie die betreffenden Räume an der Wandkarte. Bei dieser Arbeitsanweisung ist es nicht erforderlich, eine Bewertung vorzunehmen.

Operatoren des mittleren Anforderungsbereiches

Erläutern	Sachverhalte werden beschrieben und deren Beziehung verdeutlicht, ohne eine Wertung vorzunehmen.
Erklären	Strukturen, Prozesse und Zusammenhänge von Erscheinungen werden erfasst und in allen Einzelheiten verdeutlicht.
Skizzieren	Das Wesentliche eines Sachverhaltes verdeutlichen.
Gliedern	Die Sachverhalte sind nach bestimmten Ordnungsmerkmalen zu unterscheiden.
Untersuchen	Zu einem Sachverhalt müssen auf gezielte Fragestellungen Antworten gefunden und dargestellt werden.
Kennzeichnen	Das Typische wird herausgearbeitet und anschaulich dargestellt.
Charakterisieren	Nach einer Beschreibung werden Einzelaspekte herausgestellt und gewichtet.
Entscheiden	Man wägt ab, welche Antwort die richtige ist und legt sich fest.
Zuordnen	Es werden Zusammenhänge einzelner Sachverhalte verdeutlicht.

Übertragen	Bekannte Erkenntnisse müssen auf ein anderes Beispiel angewendet werden.
Vergleichen	Gemeinsamkeiten und Unterschiede von Sachverhalten müssen erkannt und erklärt werden.
Begründen	Die Bestätigung einer Aussage, wobei man Ursachen und Wirkung zueinander in Beziehung setzt.

Beispiele

- ***Erläutern** Sie die Übersicht zur Bevölkerungsentwicklung in China.*

  Materialgrundlage: statistisches Material (z. B. Säulendiagramm, Tabelle) zur Bevölkerungsentwicklung in China von 1850 bis 2050; Wandkarte
  Anhand des vorliegenden Zahlenmaterials sollten Sie die Entwicklung der chinesischen Bevölkerung innerhalb des genannten Zeitraums erschließen. Achten Sie dabei auf den Unterschied zwischen tatsächlichen Zahlen und Prognosewerten. Weiterhin müssen Sie auf die Gründe für den möglichen Rückgang bzw. Anstieg der Bevölkerung innerhalb bestimmter Phasen eingehen und den Zusammenhang zwischen Maßnahmen der Bevölkerungspolitik und ihren Auswirkungen aufzeigen.

- ***Ordnen** Sie die beiden Klimadiagramme nach ihrer Auswertung den jeweiligen geografischen Zonen **zu**.*

  Materialgrundlage: Klimadiagramm einer Station der tropischen Trockengebiete sowie einer Station des Borealen Nadelwaldes; Karte der Geozonen der Erde
  Die Voraussetzung für die Zuordnung der Klimadiagramme ist deren Auswertung. Gehen Sie dabei systematisch vor und nennen Sie für jede Station jeweils den Namen, die Koordinaten, die Höhe, die durchschnittlichen Jahrestemperatur- und Jahresniederschlagswerte, den wärmsten und kältesten Monat, Niederschlagsmaximum und -minimum sowie die Verteilung der Niederschläge über das Jahr. Anhand dieser Erkenntnisse und mithilfe von Lerninhalten aus Ihrem Unterricht können Sie anschließend die Zuordnung der beiden Stationen zur jeweiligen Geozone vornehmen.

Operatoren des höchsten Anforderungsbereiches

Bewerten	Es wird die eigene Meinung auf der Grundlage von Kenntnissen dargelegt.
Werten	= *bewerten*
Beurteilen	Ursachen und Bedingungen für Prozesse und Erscheinungen werden mittels Materialien herausgestellt und im Zusammenhang verdeutlicht. Des Weiteren müssen hier Aussagen über die Richtigkeit/Wahrscheinlichkeit/Anwendbarkeit des Sachverhaltes getroffen werden.
Diskutieren	Man sollte hier einen Sachverhalt hinsichtlich der positiven und negativen Wirkung untersuchen und abwägen.
Entwickeln	Vorschläge werden erbracht, die zu neuen Gedanken führen.
Erörtern	Man betrachtet einen Sachverhalt aus unterschiedlichen sachlichen Positionen heraus, ohne die eigene Meinung einzubeziehen.
Stellung beziehen	Die eigene Meinung zu Sachverhalten wird mit einer Begründung dargelegt.
Prüfen	Eine Behauptung wird an neuen, beobachteten Erkenntnissen gemessen.
Analysieren	Mithilfe von vorhandenen Materialien sollen wichtige Merkmale und deren Zusammenhänge zu bestimmten Sachverhalten herausgearbeitet und dargelegt werden.
Interpretieren	= *analysieren*

Beispiele

- ***Bewerten** Sie, ob die Funktion der tropischen Regenwälder als ‚Lungen der Erde' gefährdet ist.*
  Materialgrundlage: Kurvendiagramm zum Anstieg der Treibhausgase (CO_2, Methan, FCKW); statistisches Material zur Fläche der tropischen Regenwälder über den Zeitraum der letzten 100 Jahre
  Hier müssen Sie neben den Hinweisen, die sich aus dem Material ableiten lassen auch auf Unterrichtskenntnisse zum ‚Treibhauseffekt' zurückgreifen. Zeigen Sie den Zusammenhang zwischen der zunehmenden Konzentration der Treibhausgase und der Abholzung der Regenwälder auf. Führen Sie dabei den Begriff ‚Treibhauseffekt' an und definieren Sie ihn. Fassen Sie in einem abschließenden Fazit Ihre Erkenntnisse und Ihre Meinung zusammen.

- ***Analysieren** Sie die wirtschaftliche Entwicklung Japans.*
  Materialgrundlage: statistisches Material (z. B. Tabellen, Kurvendiagramme) zur Wirtschaft Japans; Karte der Industriestandorte Japans; Wandkarte
  Der Arbeitsauftrag ‚analysieren' deutet immer darauf hin, dass Sie die gestellte Aufgabe umfassend lösen müssen. Zunächst sollten Sie die wirtschaftliche Entwicklung Japans anhand aller vorliegenden Materialien beschreiben. Im zweiten Schritt erläutern und begründen Sie, warum sich innerhalb Japans Wirtschaft bestimmte Industriezweige besonders gut entwickelt haben und welche Standorte dafür gewählt wurden. In einem letzten Schritt bewerten Sie die Ergebnisse und bringen Ihr eigenes Urteil ein, das Sie mit stichhaltigen Argumenten und gegebenenfalls mit passenden Vergleichen untermauern sollten.

4 Der Prüfungsablauf

Zur Prüfung sollten Sie auch Wert auf Ihr äußeres Erscheinungsbild legen, hierbei ist gepflegte Kleidung von Vorteil.

Prüfungsfragen
Achten Sie am Prüfungstag auf das rechtzeitige Eintreffen am Prüfungsort. Legen Sie sich einen Stift bereit, den Sie mit in den Vorbereitungsraum nehmen dürfen.
Sie werden in den Prüfungsraum gebeten und gefragt, ob Sie sich gesundheitlich in der Lage fühlen, die Prüfung zu absolvieren. Haben Sie diese Frage bejaht, dann müssen Sie in der Regel einen **Prüfungskomplex** (Themenbereich) **ziehen** und können sich nun die Fragen in Ruhe durchlesen.
Verstehen Sie eine der Fragen nicht, so fragen Sie sofort nach.

Vorbereitung
Anschließend gehen Sie in den Vorbereitungsraum und haben **20 Minuten** für die Lösung der Aufgaben Zeit. Machen Sie sich eindeutige und ausreichende Notizen.
Im Vorbereitungszimmer steht Ihnen ein Atlas zur Verfügung.

Prüfungsvortrag
Nach 20 Minuten Vorbereitungszeit, werden Sie in den Prüfungsraum gebeten. Dort erwartet Sie die Fachprüfungskommission, bestehend aus dem Prüfungsvorsitzenden (meist der Schulleiter oder stellvertretende Schulleiter), Ihrem Geografie-Fachlehrer sowie einem weiteren Fachlehrer.
Nun beginnt die eigentliche Prüfung mit Ihrem Vortrag. Gehen Sie dabei Aufgabe für Aufgabe durch und beantworten diese so exakt und umfassend wie möglich.
Tipp: Versuchen Sie, die Vortragszeit von 10 bis 15 Minuten voll auszuschöpfen, dann bleibt den Fachlehrern nicht allzu viel Zeit für weitere Fragestellungen.

Während Ihres Vortrages kann der Fachlehrer eingreifen, wenn

- Sie das Thema verfehlen,
- Sie ins Stocken kommen,
- Sie Anregungen benötigen oder
- Sie von der eigentlichen Aufgabe abweichen.

Nach der Beendigung Ihres Vortrages kann die Prüfungskommission weitere Fragen (innerhalb der 15 Minuten) zum Prüfungsthema bzw. zur Topografie stellen, sofern dies in den Prüfungsfragen noch nicht gefordert war. Der topografische Wissensbereich wird vom Fachlehrer festgelegt und umfasst größtenteils die Themengebiete *Gebirge, Gewässer, Staaten mit jeweiliger Hauptstadt, Tiefländer, Inseln, Halbinseln sowie Wüsten aller Kontinente.*
Danach werden Sie gebeten, kurzzeitig den Prüfungsraum zu verlassen.

Bewertung
Die Fachprüfungskommission berät nun über Ihre Leistung und bittet Sie nach kurzer Zeit erneut in den Prüfungsraum zur Verkündigung der Prüfungs- und Endzensur. Nur in Ausnahmefällen konnte sich die Kommission nicht einigen und wird Ihnen noch eine Frage stellen. Von der Beantwortung dieser Frage wird es abhängen, ob Sie die bessere oder schlechtere Note erhalten.

Damit ist Ihre mündliche Prüfung im Fach Geografie beendet. Wir wünschen Ihnen gute Resultate.

Aufgabenbeispiele für die mündliche Abschlussprüfung im Fach Geografie

Realschulabschluss (Sachsen) Mündliche Prüfung Geografie – Aufgabe 1: Die geografischen Zonen der Erde

Aufgabenstellung

1. *Definieren* Sie den Begriff der „geografischen Zone". Zeigen Sie die geografischen Zonen an der Wandkarte in Nord-Süd-Abfolge und *beschreiben* Sie die Naturfaktoren Klima, Boden und Vegetation (M 1, Atlas).
2. *Skizzieren* Sie das Landschaftskomponentenmodell und verdeutlichen Sie Zusammenhänge zwischen den Merkmalen der einzelnen Landschaftskomponenten. *Erläutern* Sie auch den Einfluss des Menschen auf die Landschaft an einem Beispiel.
3. *Charakterisieren* Sie zwei ausgewählte aneinandergrenzende geografische Zonen hinsichtlich ihrer Komponentenmerkmale und deren Wechselbeziehungen zueinander.
4. *Werten* Sie die beiden Klimadiagramme *aus* und ordnen Sie diese den jeweiligen geografischen Zonen zu (M 2).

Materialien

M 1 Die Geozonen der Erde

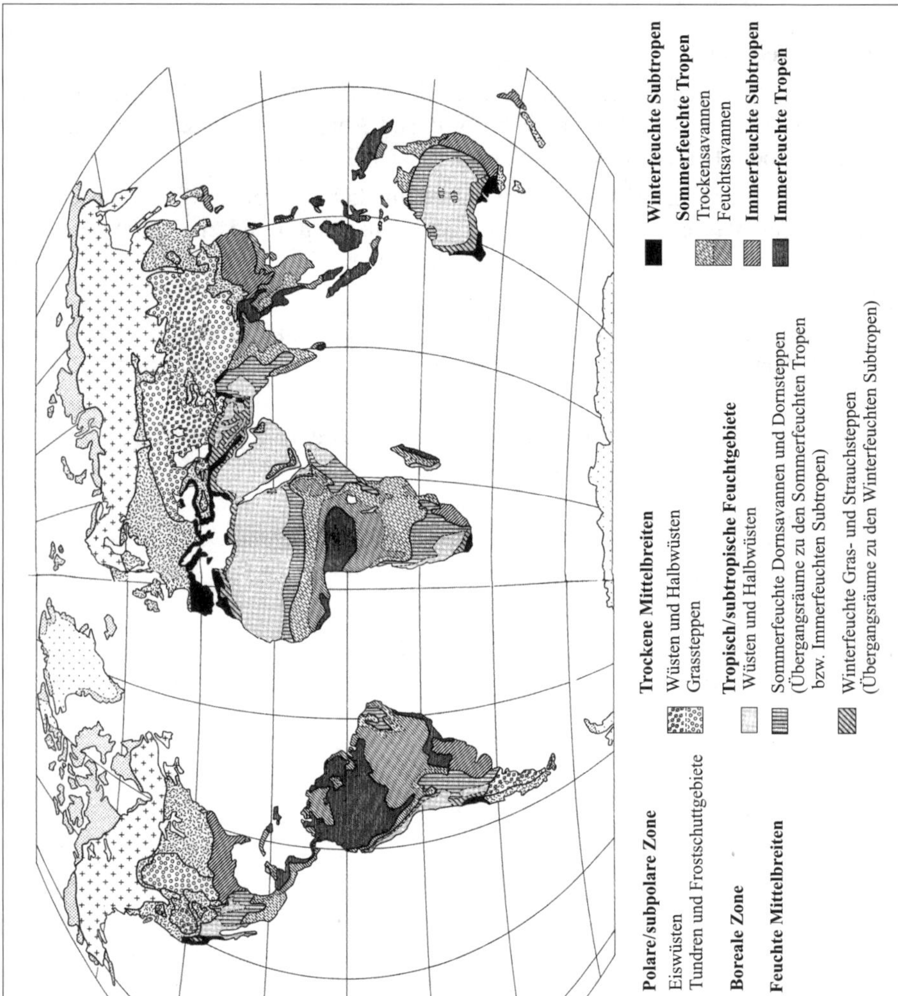

Quelle: Schultz, J.: Die Ökozonen der Erde. [2]1995 Stuttgart, S. 18/19

M 2a Klimadiagramm von Assuan

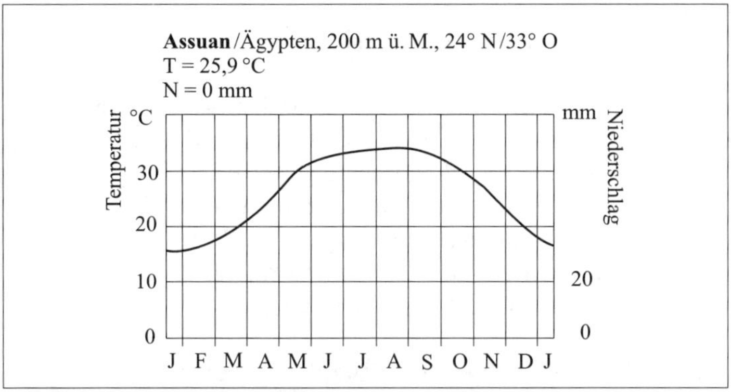

Quelle: nach http://www.klimadiagramme.de/Afrika/assuan.html

M 2b Klimadiagramm von Narvik

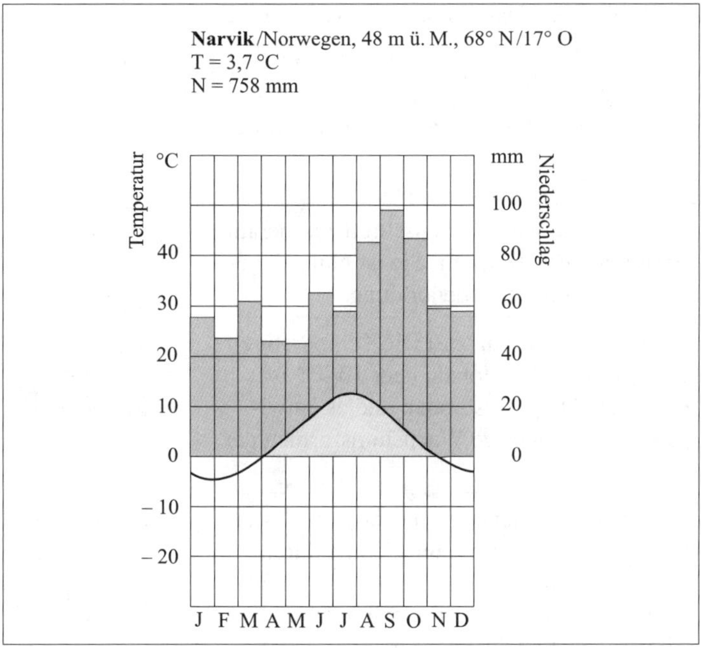

Quelle: nach www.asg.physik.uni-erlangen.de/europa/klima/

Lösungsvorschlag

1. **Geozonen durch gleiche Ausprägung der Geofaktoren definiert**

Unter geografischen Zonen versteht man große Landschaftsgebiete der Erde, die sich durch typische Naturmerkmale auszeichnen. Sie werden oftmals auch als Landschaftsgürtel bezeichnet, verlaufen beiderseits des Äquators annähernd breitenkreisparallel und unterscheiden sich in der Ausprägung der Merkmale ihrer **Landschaftskomponenten**. Zu diesen zählen Klima, Vegetation, Tierwelt, Boden, Wasserhaushalt, Relief und geologischer Bau.

Geben Sie zunächst mit **eigenen Worten** wieder, was eine geografische Zone ist.

Der Strahlungshaushalt und die allgemeine Zirkulation der Atmosphäre sind Ursache für die Herausbildung unterschiedlicher klimatischer Bedingungen, die wiederum die Ausprägung entsprechender Vegetationsmerkmale zur Folge haben. So bestimmt vor allem das Klima mit seinen Wechselbeziehungen zu anderen Naturfaktoren die Merkmale in den geografischen Zonen der Erde.

Arbeiten Sie mit **Atlaskarten** zur weltweiten Ausprägung von Klima und Vegetation, weisen Sie auf die besondere Rolle des Klimas hin.

In M 1 sind die geografischen Zonen nach J. SCHULTZ mit ihren Merkmalen von Nord nach Süd bis zum Äquator wie folgt gegliedert:

Polare Eiswüsten der Hohen Breiten	Diese Zone weist Durchschnittstemperaturen von unter 0 °C auf. Sie ist ohne Vegetation und ohne Bodenbildung.
Tundren und Frostschuttgebiete der Hohen Breiten	(subpolare Klimazone) Die Temperaturen liegen nur 1–2 Monate über 10 °C, es herrscht Dauerfrostboden und es entwickeln sich niedrige Wachstumsformen der Vegetation.
Boreale Nadelwaldzone der Hohen Breiten	(kühles Kontinentalklima der gemäßigten Klimazone) Sie ist kennzeichnet durch warme Sommer und kalte Winter, es bilden sich vorwiegend Podsolböden und es herrschen Nadelwälder vor.

Beginnen Sie bei der **Auswertung** von M 1 mit der Polaren/Subpolaren Zone im Norden: **Notieren** Sie sich anhand der Atlaskarten zu Klima, Vegetation und Böden jeweils **ein Stichwort**.

Beschreiben Sie auf diese Weise **systematisch** jede der Zonen bis zum Äquator, legen Sie sich eine kleine **Tabelle** an.

Feuchte Mittelbreiten	(gemäßigte Klimazone) Ihre Merkmale sind milde bis kalte Winter, kühle bis warme Sommer, die Bildung von Braunerden, Laub- und Mischwälder, die jedoch weitgehend gerodet wurden.
Trockene Mittelbreiten (Grassteppen, Wüsten und Halbwüsten)	(sommerwarmes Kontinentalklima der gemäßigten Zone) Mit heißen Sommern und kalten Wintern sowie starken jährlichen Temperaturschwankungen, Ausbildung von Schwarzerden, Steppen bzw. Grasvegetation. Die Wüsten sind nahezu vegetationslos.
Winterfeuchte Subtropen	(subtropische Klimazone) Geprägt durch milde, feuchte Winter, sehr warme, trockene Sommer. Die Hartlaubvegetation bildete sich auf Braun- und Roterden.
Tropische Trockengebiete	(trockenes Passatklima) Durch ganzjährig hohe Temperaturen und ausgeprägte Trockenheit sind die Wüsten außerhalb der Oasen vegetationslos bzw. vegetationsarm. Die Bodenbildung ist geringfügig.
Sommerfeuchte Tropen	(tropisches Wechselklima) Geprägt durch Regen- und Trockenzeiten, rote Savannenböden und Ausbildung von Dorn-, Trocken- und Feuchtsavannen.
Immerfeuchte Tropen	(Äquatorialklima) Diese Zone zeichnet sich durch ganzjährig hohe Temperaturen, nährstoffarme Roterden und den immergrünen tropischen Regenwald aus.

Nennen Sie in Ihrem Vortrag die **notierten Stichpunkte** zu jeder Zone und zeigen Sie diese während der Beschreibung an der **Wandkarte**.

2.

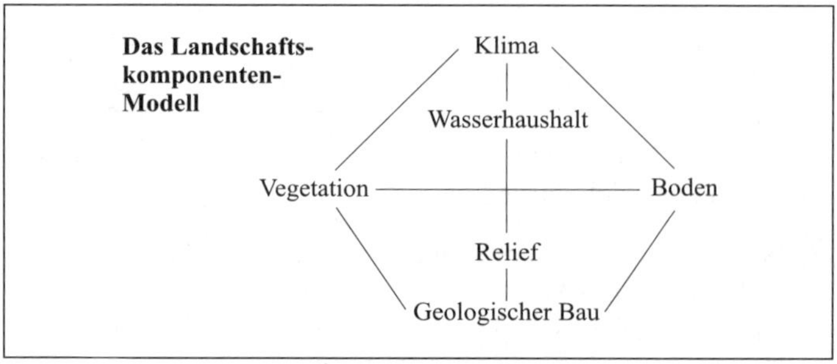

Fertigen Sie zunächst ein kleines **Schaubild** an: **Ordnen** Sie die **Begriffe** Klima, Boden, Vegetation, Wasserhaushalt, Relief und Geologie **an**, ziehen Sie Linien, die die Verbindung der Komponenten darstellen sollen.

Landschaftskomponenten und ihre Wechselwirkungen

Die Landschaftskomponenten Klima, Wasserhaushalt, Vegetation, Tierwelt, Boden, Relief und geologischer Bau dienen der Beschreibung eines Naturraumes. Die Komponenten bedingen und durchdringen sich wechselseitig. Es besteht z. B. ein enger Zusammenhang zwischen Klima, Wasserhaushalt und Boden. So konnte sich die dichte Vegetationsdecke im tropischen Regenwald nur durch gleichbleibend hohe Temperaturen und ausreichend Niederschläge um den Äquator ausbilden. Andererseits sind extreme Trockenheit und sehr hohe Temperaturen für das Fehlen einer Vegetation in den Wüstengebieten verantwortlich. Da Pflanzenreste Grundlage für die Bodenbildung sind, besteht ein Zusammenhang zwischen Boden und Vegetation. Gleichzeitig können Wind und Wasser die oberste Bodenschicht abtragen. Die Komponente Wasser hat unter anderem Einfluss auf die Bildung der Reliefformen. So kommt es durch abfließendes Wasser in Abhängigkeit von der **Fließgeschwindigkeit** und damit der **Erosionskraft** der Flüsse an deren Oberläufen zur Ausbildung bestimmter Talformen. An den Unterläufen dominiert **Sedimentation**. Während der Eiszeiten im Pleistozän formten Gletscher die Fjorde, Schären und Fjells als typische Reliefformen Skandinaviens. In Mitteleuropa entstanden die Formen der **glazialen Serie** im pleistozänen Ablagerungsgebiet.

Skizzieren heißt, dass Sie die **wesentlichen Punkte** einer Sache nennen sollen: führen Sie alle Komponenten des Modells an; beschreiben Sie anhand Ihrer Skizze die Beziehungen der Komponenten untereinander.

Nennen Sie ein **Beispiel**: Welchen Einfluss hat Wasser auf die Reliefgestaltung?

Die Landschaftsgürtel der Erde sind Lebensraum für Mensch und Tier. Der Mensch nutzt die geografischen Zonen sehr unterschiedlich. Als unwirtlich gelten die Polaren Eiswüsten und die Zone der Tundren und Frostschuttgebiete sowie die Steppen und Halbwüsten der Trockenen Mittelbreiten. Auch die tropischen Wüstengebiete sind dünn besiedelt. Die Räume der Feuchten Mittelbreiten, der feuchten Subtropen sowie der sommerfeuchten Tropen sind dagegen stark besiedelte Wirtschaftsräume.

Anschließend **erläutern** Sie die **Rolle des Menschen**: beschreiben Sie seinen Einfluss auf die Landschaft, nehmen Sie aber noch keine persönliche Wertung vor.

Der Mensch verändert die Landschaftskomponenten zu seinem Nutzen, aber auch zu seinem Nachteil. Die Braunkohleförderung im Tagebau beispielsweise verändert und zerstört die Landschaft. Zuerst wird die Vegetationsdecke abgetragen, der Grundwasserspiegel abgesenkt und somit Relief und Wasserhaushalt beeinflusst. Nach Aushöhlung der Tagebaue besteht somit die Möglichkeit, durch Rekultivierung neue Landschaften zu schaffen.

Nennen Sie ein **Beispiel** für den Eingriff des Menschen, z. B. die Förderung von Braunkohle im Tagebau und die anschließende Rekultivierung.

3. **Beispiele: Tundra und Borealer Nadelwald und ihre Merkmale**

Wählen Sie für Ihre Beschreibung z. B. die Zone der subarktischen Tundra und die Boreale Nadelwaldzone. Die subarktische Tundra liegt im Bereich des subpolaren Klimas. Es wechseln sehr kalte polare mit wärmeren gemäßigten Luftmassen. Die mittlere Jahrestemperatur beträgt weniger als –15 °C, die Jahresniederschläge liegen bei 300 mm. Innerhalb eines Jahres herrschen 9 Monate Temperaturen unter dem Gefrierpunkt. Dadurch überwiegt **Dauerfrostboden**, der nur oberflächlich auftaut. Es bilden sich Moore und Sümpfe. Sommertemperaturen von 5 °C ermöglichen eine Wachstumszeit von 30 Tagen. In dieser kurzen Wachstumsperiode können nur Pflanzen mit kurzen Wurzeln sowie geringem Blatt- und Blütenanteil gedeihen. Flechten, Moose und Gräser prägen das Vegetationsbild.

Wählen Sie zwei geografische Zonen **aus** und beschreiben Sie deren Naturfaktoren Klima, Böden und Vegetation; **greifen** Sie auf Erkenntnisse **zurück**, die Sie bereits für Aufgabe 1 festgehalten haben.

Die angrenzende Geozone ist die des Borealen Nadelwaldes. Sie liegt im Bereich des gemäßigten Klimas mit einer Jahresdurchschnittstemperatur von –15 °C bis 0 °C. Durch die ansteigenden Temperaturen taut der Dauerfrostboden teilweise auf. In weiten Bereichen bilden sich **Podsolböden**. Das sind nährstoffarme Bleicherdeböden, die nur ein sehr langsames Pflanzenwachstum während eines Zeitraumes von 30–180 Tagen zulassen. Die Vegetation geht von Sträuchern, Krüppel- und Zwergkiefern an der nördlichen Grenze in eine geschlossene Nadelwalddecke mit Lärchen, Kiefern und Fichten, die sich auch an länger anhaltende Temperaturen unter 0 °C anpassen können, über.

Da **„charakterisieren“** gefordert ist, müssen Sie nach der Beschreibung der Faktoren jene Aspekte herausgreifen, die für die jeweilige Zone **besonderes Gewicht** haben.

Beide Landschaftsgürtel sind durch eine hohe Wasserführung der Flüsse gekennzeichnet, die besonders im Frühjahr immer wieder Überschwemmungen verursacht. In den sehr kalten Wintermonaten frieren die Flüsse oft vollständig zu. Durch die ungünstigen Naturbedingungen sind diese geografischen Zonen nur sehr dünn besiedelt.

Fassen Sie abschießend **zusammen**, was die beiden Zonen gemeinsam haben oder worin sie sich gravierend unterscheiden.

4. **Auswertung und Zuordnung der Klimadiagramme**
Gehen Sie bei der Auswertung von Klimadiagrammen systematisch vor. Zeigen Sie die Klimastationen an der Wandkarte.

Bei dem Klimadiagramm M 2 a handelt es sich um die Station Assuan in Ägypten, deren Koordinaten bei 24° nördlicher Breite und 33° östlicher Länge liegen. Die Höhe über dem Meeresspiegel beträgt 200 m. Die durchschnittliche Jahrestemperatur liegt bei 25,9 °C, die Jahresniederschläge belaufen sich auf 0 mm. Die wärmsten Monate sind Juni, Juli und August mit Temperaturen von 33 °C. Der kälteste Monat ist der Januar. Hier erreichen die Temperaturen Werte von 16 °C. Es fallen keine Niederschläge. Die Klimastation Assuan gehört zur geografischen Zone der tropischen Trockengebiete Afrikas.

Klimadiagramme: Nennen Sie Name, Koordinaten, Höhe, Jahrestemperatur und -niederschläge, den wärmsten und kältesten Monat, Maximum/Minimum der Niederschläge sowie die Verteilung der Niederschläge über das Jahr.

Bei Klimadiagramm M 2 b handelt es sich um Narvik in Norwegen. Diese Klimastation liegt bei 68° nördlicher Breite und 17° östlicher Länge. Sie befindet sich 48 m über dem Meeresspiegel. Die Jahresdurchschnittstemperatur beträgt 3,7 °C. Die Jahresniederschläge liegen bei 758 mm. Die wärmsten Monate sind Juli und August mit Temperaturen von 14 °C. Die kältesten Monate sind Januar und Februar mit Werten von – 5 °C. Im September fallen mit knapp 100 mm die meisten Niederschläge, im April und Mai die geringsten mit ca. 48 mm. Narvik liegt somit in der Zone des Borealen Nadelwaldes der Hohen Breiten.

Anhand der Informationen aus dem Klimadiagramm können Sie **entscheiden**, in welcher geografischen Zone die Station liegt.

Zeigen Sie nach der Auswertung und Zuordnung der Station diese auch an der **Wandkarte**.

Realschulabschluss (Sachsen) Mündliche Prüfung Geografie – Aufgabe 2: Deutschland – Das Ruhrgebiet

Aufgabenstellung

1. Deutschland ist eine hoch entwickelte Industrienation mit mehreren Ballungsräumen. *Definieren* Sie den Begriff „industrielles Ballungsgebiet".
2. *Beschreiben* Sie die geografische Lage und die Größe des Ruhrgebietes an der Wandkarte und mithilfe von M 1.
3. *Erklären* Sie die Entstehung und Lagerung der Steinkohlevorkommen in diesem Gebiet (M 2).
4. *Erläutern* Sie, unter Verwendung von M 3 bis M 5, den ökonomischen, sozialen und ökologischen Strukturwandel im Ruhrgebiet.

Materialien

M 1 Flächen- und Bevölkerungsdaten des KVR[1] (2000)

Gebietseinheit (Stand 30.06.1999)	**Fläche km²**	**Einwohner**	**Dichte Einw./km²**
Bochum	145,43	391 960	2 695
Bottrop	100,61	121 056	1 203
Dortmund	280,29	589 154	2 102
Duisburg	232,82	517 356	2 222
Essen	210,36	596 702	2 837
Gelsenkirchen	104,84	280 394	2 675
Hagen	160,36	204 277	1 274
Hamm	226,26	182 122	805
Herne	51,41	175 154	3 407
Mülheim	91,29	173 295	1 898
Oberhausen	77,04	222 208	2 884
Mitgliedskreise Ennepe-Ruhr-Kreis	408,30	350 893	859
Recklinghausen	760,31	659 132	867
Unna	542,62	430 470	793
Wesel	1 042,40	473 528	454
[1]**Kommunalverband Ruhrgebiet**	4 434,34	5 367 701	1 210
Größte Ausdehnung: Nord – Süd: 67 km; Ost – West: 116 km			

Quelle: KVR, Essen

M 2 Geologisches Profil durch das Ruhrgebiet (stark vereinfacht)

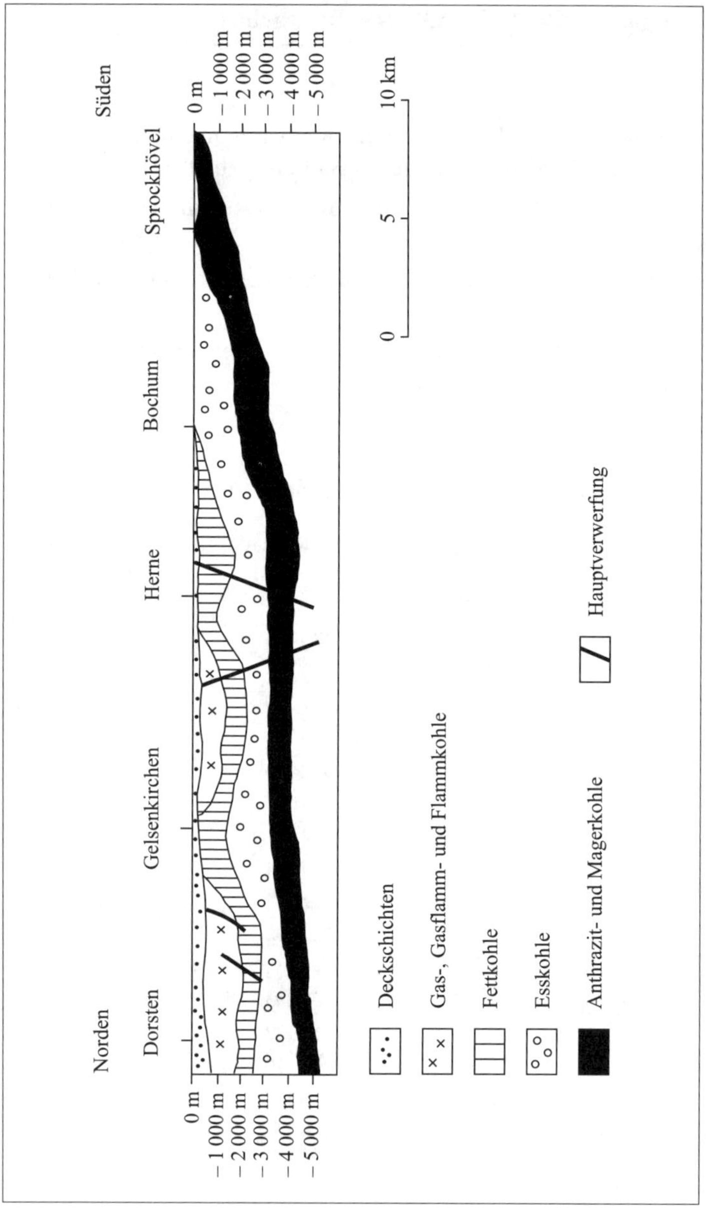

Quelle: eigene Grafik

M 3 Steinkohleförderung und Rohstahlerzeugung im Ruhrgebiet

Jahr	Steinkohleförderung in Mio. t	Rohstahlerzeugung in Mio. t	Beschäftigte in der	
			Eisen schaffenden Industrie	Eisen und Stahl verarbeitenden Industrie
1961	116,1	22,4	193 506	278 391
1970	91,1	28,5	169 370	226 762
1980	69,1	24,3	139 543	184 484
1985	64,0	25,2	104 300	139 046
1990	54,6	20,5	86 809	123 181
1995	41,7	18,8	44 830	66 771
1999	31,1	17,1	37 924	59 242
2000	25,9	18,5	33 787	51 167

Quelle: Kommunalverband Ruhrgebiet (KVR), Essen

M 4 Arbeitslosenquote im Ruhrgebiet

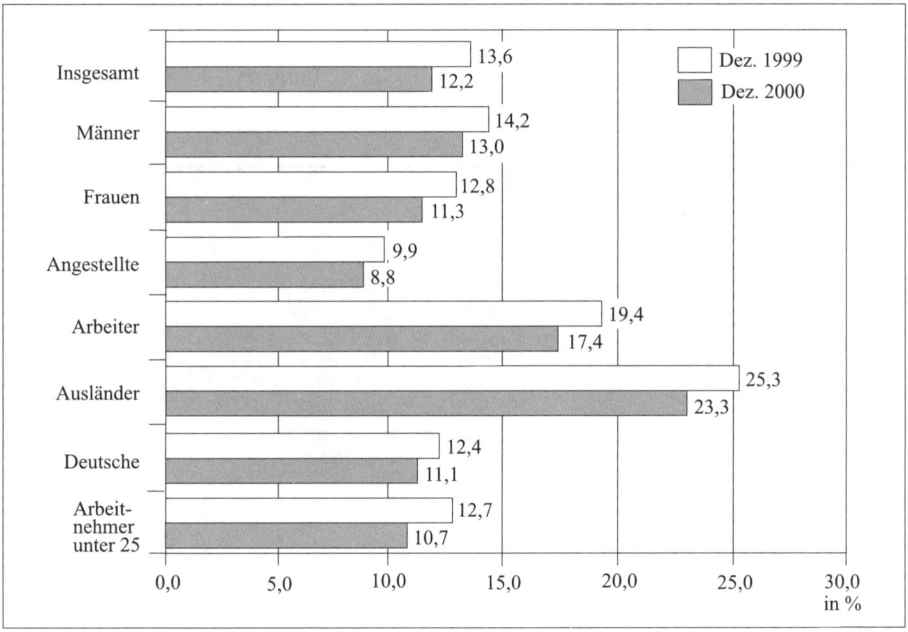

Quelle: KVR: Regionalinformation Ruhrgebiet, Ausgabe Januar 2001, Essen

M 5 Ausgewählte statistische Daten des Ruhrgebiets

Wissenschaft und Forschung

Einrichtung	Anzahl
Universitäten	6
Fachhochschulen	9
Verwaltungs- und Wirtschaftsakademie	1
Technologiezentren	26
Studenten	160 000
Professoren/Mitarbeiter	1 880/26 000
Arbeitnehmer Dienstleistung	41 000 (61 %)

Nutzung der vom Montanbereich verlassenen Flächen am Beispiel des CentrO in Oberhausen

CentrO mit	
Einkaufspark	200 Geschäfte
Arena	11 500 Zuschauerplätze
Multiplexkino	1 800 Besucherplätze

Quelle: KVR, Essen

Lösungsvorschlag

1. **Definition Ballungsgebiet**

Unter Ballungsgebieten versteht man Räume, die durch eine hohe Verdichtung von Industrie- und Dienstleistungsunternehmen, eine hohe Bevölkerungsdichte sowie eine gut ausgebaute Infrastruktur (Schienenwege, Straßen) gekennzeichnet sind. Innerhalb dieser Ballungsgebiete befindet sich mindestens eine Großstadt. Man unterscheidet zwischen Ein-, Zwei- und Mehrkernballungen. Zu den Einkernballungen zählen z. B. die Gebiete um die Städte München und Dresden. Mehrkernballungen, gekennzeichnet durch mehrere Großstädte auf engstem Raum, sind Gebiete wie Köln/Bonn, Chemnitz/Zwickau, Halle/Leipzig sowie das Ruhrgebiet.

Geben Sie mit **eigenen Worten** wieder durch welche **Merkmale** ein Ballungsgebiet gekennzeichnet ist. Zeigen Sie an der **Wandkarte Beispiele** für Ein- und Mehrkernballungen in Deutschland.

2. **Lage und Größe des Ruhrgebietes**

Im Ruhrgebiet leben knapp 5,4 Mio. Einwohner. Es ist das größte Ballungsgebiet Deutschlands und befindet sich zwischen Rhein, Ruhr und Lippe im Bundesland Nordrhein-Westfalen. Mit einer Nord-Süd-Ausdehnung von 67 km und einer Ost-West-Ausdehnung von 116 km umfasst das Ruhrgebiet eine Fläche von 4 434,34 km^2. Auf dieser Fläche entwickelten sich 11 Großstädte mit einer Gesamteinwohnerzahl von 5 367 701. Zu den größten Städten der Rhein-Ruhrballung gehören Essen (596 702 Einw.), Dortmund (589 154 Einw.), Duisburg (517 356 Einw.) und Bochum (391 960 Einw.) (M 1).

Zeigen Sie das Ruhrgebiet mit den größten Städten an der **Wandkarte**. Arbeiten Sie dann mit **M 1**: Nennen Sie Fläche, Einwohnerzahl und Bevölkerungsdichte für das **gesamte Ruhrgebiet**. Führen Sie die **größten Städte** mit ihren Einwohnerzahlen an.

3. **Die Entstehung und Lagerung der Steinkohlevorkommen im Ruhrgebiet**

Die Steinkohlevorkommen des heutigen Ruhrgebietes entstanden im Zuge der variskischen **Faltengebirgsbildung** im **Karbon** vor rund 360 Mio. Jahren. In den Sümpfen der Außensenken dieser Faltengebirge lagerten sich abgestorbene Pflanzenreste ab. Durch Hebungs- und Senkungsprozesse wurden diese Pflanzenreste jedoch von anderen Materialien überlagert.

Durch luftdichten Abschluss setzte der Inkohlungsprozess ein. Dabei wurde dem Ausgangsmaterial Wasser, Wasserstoff, Stickstoff und Sauerstoff entzogen, und es kam zur Anreicherung von Kohlenstoff. So entstanden zunächst Torf, dann Braun-

Nennen Sie die natürlichen Bedingungen, die zur Zeit der **Entstehung** der Kohleflöze vorherrschten. Setzen Sie **Wissen** aus dem **Unterricht** ein.

Beschreiben Sie dann in **knappen Worten**, wie der **Inkohlungsprozess** abläuft.

kohle und danach aufgrund von Druck, hohen Temperaturen und gesteinsbildenden Prozessen die Steinkohle mit einem Kohlenstoffanteil von über 60 %.

Wie man aus der Skizze M 2 erkennen kann, wiederholte sich dieser Prozess mehrfach, sodass man im Ruhrgebiet mehrere **Kohleflöze** übereinander findet. Der **Steinkohleabbau** begann zunächst an der Ruhr und verlagerte sich im Laufe der Zeit immer mehr nach Norden. Da, wie in M 2 auch ersichtlich ist, die Steinkohleflöze im Norden sehr tief lagern, ist ein hoher Kostenaufwand erforderlich, um die Kohle zu fördern. Das hat zur Folge, dass immer mehr Zechen unrentabel und somit stillgelegt wurden.

Anhand von **M 2** lässt sich die **Lagerung** der Kohleflöze im Norden und im Süden des Ruhrgebietes beschreiben. **Tiefe** und **Mächtigkeit** der Flöze lassen sich an der rechten und linken Skala des Schaubildes ablesen.

4. Ökonomischer, sozialer und ökologischer Strukturwandel im Ruhrgebiet

Aufgrund der Steinkohlevorkommen entwickelte sich das Ruhrgebiet im 19. und 20. Jh. schnell zu einem bedeutenden Bergbaugebiet in Deutschland und Europa. Gleichzeitig bildeten sich Zentren der **Montanindustrie** heraus. Stahlindustrie und Maschinenbau entwickelten sich rasch und mit ihnen wuchsen die Städte. Mitte des 19. Jh. stieg die Nachfrage nach Steinkohle stark an. Der Bergbau drang immer weiter in das nördliche Ruhrgebiet vor. In der Mitte des 20. Jh. führte die **Kohle- und Stahlkrise** zur Schließung von Zechen und Stahlwerken, Kohle aus dem Ausland war billiger, Erdöl eroberte den Markt, die Nachfrage nach Stahl ging zurück. Er wurde durch andere Stoffe wie Aluminium und Plaste ersetzt. Stahlimporte wurden billiger. Diese Entwicklung schlug sich im Rückgang der Kohleförderung und der Rohstahlerzeugung von 1961 bis 2000 nieder (M 3).

Diese Aufgabe erfordert etwas **mehr Zeit**; **gliedern** Sie Ihre Antwort in 3 bis 4 Schritte und machen Sie sich **Notizen**.

Beginnen Sie mit der Bedeutung des Ruhrgebietes als wichtiger Stahlerzeuger. Entnehmen Sie aus **M 3 Beispielwerte**, die den Rückgang der Kohleförderung und Rohstahlerzeugung sowie der Beschäftigten dieser Industriezweige von 1961–2000 zeigen.

Damit verloren viele Beschäftigte ihren Arbeitsplatz. Das Ruhrgebiet geriet in eine schwere Strukturkrise. Ein tief greifender **Strukturwandel** setzte ein: eine vielfältige Branchenstruktur löste die einseitige Montanindustrie ab. Es entstanden moderne Technologiezentren und der Dienstleistungssektor (Tertiärer Sektor) wurde erheblich erweitert. Heute dominieren zwischen Ruhr und Lippe Banken, Versicherungen, Handelseinrichtungen und weitere Dienstleistungsunternehmen. Wie aus den statistischen Angaben in M 4 ersichtlich ist, ging die Zahl der Arbeitslosen im Ruhrgebiet von Dezember 1999 bis Dezember 2000 stetig zurück. Viele fanden Arbeit in den Dienstleistungsunternehmen. Die Arbeitslosenquote sank bei den Arbeitern um 2 % auf 17,4 %, bei den Angestellten um 1 % auf 8,8 %. Ein Vergleich macht jedoch deutlich, dass die Arbeitslosenquote unter den Arbeitern wesentlich höher liegt, als bei den Angestellten. Daraus lässt sich schlussfolgern, dass die Zahl der Angestellten im Dienstleistungssektor gegenüber der sinkenden Zahl der Arbeiter im industriellen Bereich gewachsen ist.

Zeigen Sie im **nächsten Schritt**, welche Veränderung im Ruhrgebiet vor sich ging. Erklären Sie den **Begriff „Strukturwandel“**.

Zeigen Sie den **Zusammenhang** zwischen Bedeutungsverlust als Montanindustriezentrum und Bedeutungsgewinn des Dienstleistungssektors.

Der Rückgang der Arbeitslosenquote in **M 4** lässt sich z. B. mit neuen Arbeitsplätzen im Tertiären Sektor erklären.

Das Ruhrgebiet ist Zentrum der **Energiewirtschaft**. Energiekonzerne wie Ruhrkohle AG, RWE AG, Ruhrgas AG, ARAL AG und andere haben hier ihren Sitz. Einen wesentlichen Anteil am Strukturwandel der Industrieregion Ruhrgebiet haben die Bereiche Wissenschaft und Forschung. Die ausgewählten statistischen Daten in M 5 machen deutlich, dass im Ruhrgebiet viel in die **Qualifizierung** der jungen Generation investiert wird. An den 6 Universitäten, 9 Fachhochschulen sowie an der Verwaltungs- und Wirtschaftsakademie studieren heute 160 000 Studenten. 1 880 Professoren und 26 000 Mitarbeiter sorgen für eine solide Ausbildung. Im Ruhrgebiet wurde in den letzten 20 Jahren auch eine Reihe von Technologieparks gegründet. Der erste dieser Art in Deutschland wurde an der Universität Dortmund eingerichtet.

Untermauern Sie Ihre Aussage zum Ausbau des Dienstleistungssektors mit **Unterrichtswissen** und **Zahlenbeispielen** aus **M 5**. Neben den Universitäten und Hochschulen sollten Sie auch die Technologiezentren erwähnen.

Ein weiteres Beispiel für die **Umgestaltung** der von der Montanindustrie verlassenen Flächen findet man in Oberhausen (M 5). Hier entstand im ehemaligen Industriegebiet das CentrO, ein Freizeitpark mit 200 Geschäften, einem Multiplexkino für 1 800 Besucher und einer Arena für 11 500 Zuschauer.

Anhand von **M 5** (untere Tabelle) können Sie zeigen, dass ehemalige Industrieflächen z. B. für Freizeiteinrichtungen genutzt werden.

Das Ruhrgebiet zeichnet sich heute durch ein gut ausgebautes Verkehrsnetz aus. Bereiche wie die Binnenschiffffahrt, der Eisenbahngüterverkehr, der Personenverkehr und der öffentliche Nahverkehr wurden stets weiterentwickelt. Aber auch die Städte veränderten sich. Aus dem monotonen Grau vieler Arbeitersiedlungen entstanden sanierte und begrünte Wohnsiedlungen. Das Ruhrgebiet wandelte sich vom Ruhrpott zu einem der attraktivsten Wirtschafträume Deutschlands mit einem hohen Anteil an Freizeitangeboten, Wasserflächen, Parks und Wäldern, die wesentlich zur Verbesserung der Luft beigetragen haben.

Den letzten Teilschritt können Sie für eine kleine **Zusammenfassung** nutzen: Wie stellt sich das Ruhrgebiet heute dar?

Nennen Sie **abschließend** Maßnahmen, die zur Verbesserung der Umwelt- und Lebensbedingungen der Bewohner beigetragen haben.

Realschulabschluss (Sachsen) Mündliche Prüfung Geografie – Aufgabe 3: Der tropische Regenwald

Aufgabenstellung

1. *Beschreiben* Sie, was Sie mit dem Begriff „tropischer Regenwald“ verbinden. Gehen Sie dabei auf die Merkmale Verbreitung, Temperaturen, Niederschläge, Vegetation und Tierwelt ein.
2. *Ordnen* Sie eines der beiden Klimadiagramme dem tropischen Regenwald *zu*. *Begründen* Sie Ihre Entscheidung und *werten* Sie das betreffende Klimadiagramm *aus* (M 1).
3. *Erläutern* Sie die Arten der Nutzung des tropischen Regenwaldes sowie deren Auswirkungen.
4. *Werten* Sie die Meldung über den weltweiten Papierverbrauch und *beziehen Sie* dazu *Stellung* (M 2).

Materialien

M 1 Klimadiagramme von Moskau und Pontianak

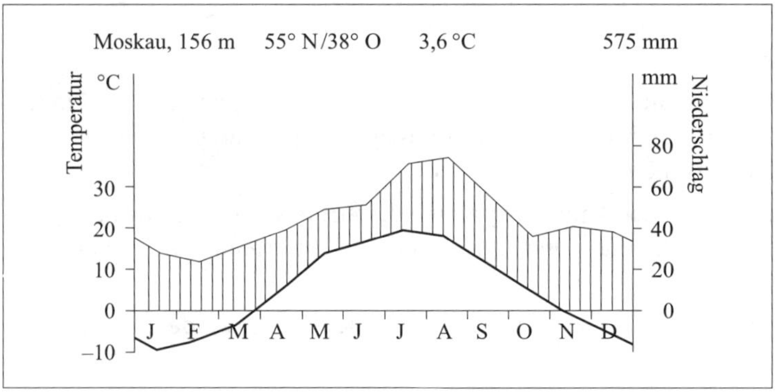

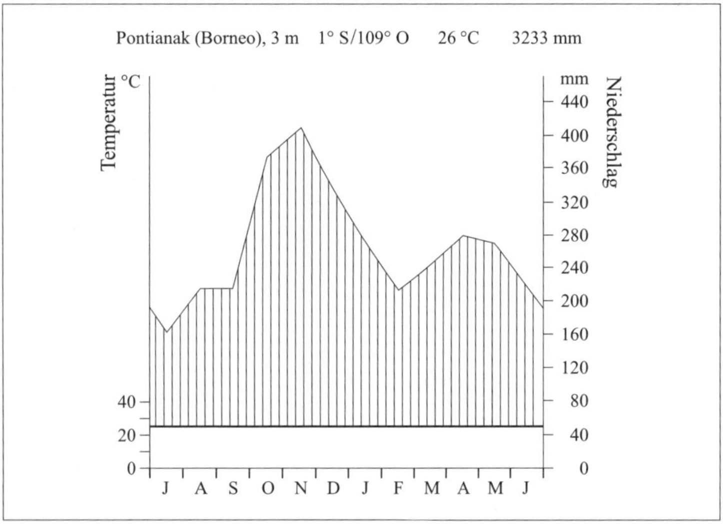

Quelle: nach www.osg.physik.uni-erlangen.de/europa/klima/; www.klimadiagramme.de/

M 2 Der Papierverbrauch der Industrienationen

„In den letzten 25 Jahren hat sich der weltweite Papierverbrauch um das Dreifache erhöht. Die Industrienationen USA, Japan und Westeuropas verbrauchen dabei zwei Drittel der gesamten Papierbedarfsmenge. Spitzenreiter ist die USA.

Quelle: nach Süddeutsche Zeitung, Januar 2001

Lösungsvorschlag

1. Verbreitung tropischer Regenwaldgebiete und ihre Merkmale

Tropische Regenwaldgebiete sind immerfeuchte Regionen und befinden sich weltweit in Äquatornähe zwischen ca. 20° nördlicher Breite und 20° südlicher Breite. Als Beispiele dafür können genannt werden:

- Afrika: Regionen der Staaten Kongo, Zentralafrika, Zaire, Elfenbeinküste, Nigeria, Kamerun, Liberia, Madagaskar;
- Südamerika: Gebiete der Staaten Brasilien, Kolumbien, Venezuela, Guyana, Surinam;
- Nord- und Mittelamerika: Teile der Staaten Honduras, Nicaragua;
- Asien: Teile der Staaten Indonesien, Philippinen, Malaysia, Thailand, Myanmar (Birma);
- Australien: Gebiete im Nordosten.

Geben Sie mit **eigenen Worten** wieder, was Sie unter dem Begriff „tropischer Regenwald“ verstehen. Geben Sie an, an welche Breitenlage diese Vegetationsform gebunden ist.

Suchen Sie mithilfe einer **politischen Weltkarte** und einer **Klimazonenkarte** auf jedem Kontinent **Beispiele**.

Die Temperaturen im tropischen Regenwald sind durch die hohe Sonneneinstrahlung ganzjährig warm bis heiß und liegen zwischen 24 °C und 28 °C. Sie weisen nur geringe jahreszeitliche Schwankungen auf. Die Temperaturunterschiede zwischen Tag und Nacht sind ausgeprägter als die jahreszeitlichen Unterschiede. Deshalb spricht man von einem **Tageszeitenklima**. Jahreszeiten wie in den gemäßigten Breiten gibt es nicht. Es fallen ergiebige Niederschläge, die über das gesamte Jahr verteilt sind. Die Werte liegen zwischen 1 000 mm und 5 000 mm pro Jahr. Die Niederschlagsmenge ist größer als die Verdunstung (feucht bzw. humid). Somit ist ständig ausreichend Feuchtigkeit im Boden und in der Luft für das Pflanzenwachstum vorhanden.

Befassen Sie sich **anschließend** mit den **Merkmalen**. Unterstützen Sie Ihre Aussagen zu Temperatur- und Niederschlagsverteilung mit **konkreten Zahlen** aus der **Atlaskarte** zu den weltweiten Klimazonen.

Weisen Sie auf das vorherrschende Tageszeitenklima hin.

Die **Vegetation** konnte sich artenreich entwickeln. Der tropische Regenwald ist sehr dicht bewachsen und durch den **Stockwerkbau** gekennzeichnet. Darunter versteht man die Einteilung in:

- das untere Stockwerk mit Sträuchern, Moosen, Kräutern, Schlingpflanzen, Stauden, Pilzen, Farnen bis 2 m Höhe;
- das mittlere Stockwerk mit kleinen Bäumen, großen Sträuchern, Riesenfarnen bis 20 m Höhe;
- die Kronenschicht mit einem geschlossenen Blätterdach bis 40 m Höhe;

Überlegen Sie und halten Sie in **Stichpunkten** fest, was Sie aus dem **Unterricht** noch über die artenreiche Pflanzen- und Tierwelt des Regenwaldes wissen.

- einzelne Baumriesen (auch Urwaldriesen genannt) bis 60 m Höhe. Auf ihnen wachsen Orchideen und Bromelien. Diese Bäume erhalten ihre Standfestigkeit durch mächtige **Brettwurzeln**.

Die Pflanzen, besonders die Lianen, welche sich an Bäumen empor winden, streben dem Licht zu und breiten sich in der Höhe aus. Bis nach unten dringt wenig Licht.

Die **Tierwelt** ist ebenfalls sehr artenreich und hat sich ihrem Lebensraum angepasst. Im Gegensatz zum unteren Pflanzenstockwerk, wo man besonders Schlangen, Echsen, Käfer, Insekten, Schnecken und Spinnen vorfindet, leben in den oberen Schichten Affen, Vögel und Baumtermiten.

Lassen Sie **Fachbegriffe**, wie z. B. Stockwerkbau und Brettwurzeln, mit einfließen; nennen Sie **Beispiele** für typische Pflanzen und Tiere.

2. **Auswertung der Klimadiagramme**

Das Klimadiagramm von Moskau kann nicht das richtige sein, weil Moskau in Europa liegt. Die Jahresniederschlagssumme von 575 mm ist zudem zu gering und die durchschnittliche Jahrestemperatur von nur 3,6 °C entschieden zu kalt.

Das Klimadiagramm von Pontianak (M 1) kann dagegen dem tropischen Regenwald zugeordnet werden. Dies ist zum einen an der Menge der Niederschläge (3 233 mm), zum anderen an der Lage auf Borneo (eine der indonesischen Inseln, zu Asien gehörend, in Äquatornähe) sowie an der durchschnittlichen Jahrestemperatur von 26 °C erkennbar.

Der **erste Schritt** besteht darin, dass Sie eines der Klimadiagramme **ausschließen. Argumentieren** Sie mit der geografischen Lage sowie mit Temperatur- und Niederschlagswerten. Greifen Sie auf **Erkenntnisse** aus **Aufgabe 1** zurück.

Auswertung des Klimadiagrammes von Pontianak:

- Name und Höhe der Station: Pontianak, 3 m über dem Meeresspiegel
- Lage im Gradnetz: 1° südliche Breite (s. Br.), 109 ° östliche Länge (ö. L.)
- mittlere Jahrestemperatur: 26 °C
- wärmster Monat: gleichbleibend 26 °C
- kältester Monat: gleichbleibend 26 °C
- Jahresschwankung: 0 Kelvin
- durchschnittlicher Jahresniederschlag: 3 233 mm
- niederschlagsreichster Monat: November mit 410 mm
- niederschlagsärmster Monat: Juli mit 160 mm
- Verteilung der Niederschläge im Jahr: es sind ganzjährig Niederschläge zu verzeichnen; ein besonderer Anstieg der Niederschlagssummen ist von Oktober bis Dezember und nochmals von März bis Mai (letztere Zeitspanne aber nicht mehr

Werten Sie anschließend das **Klimadiagramm** der Station Pontianak **systematisch aus:** Nennen Sie Name, Höhe, Koordinaten, Jahrestemperatur und -niederschläge, Jahresschwankung der Temperatur, den wärmsten und kältesten Monat, Maximum/Minimum der Niederschläge sowie die Verteilung der Niederschläge über das Jahr.

so hoch) zu beobachten; Juni, Juli, August und Februar sind die Monate mit den geringsten Niederschlägen, im Vergleich zu Deutschland fallen aber noch beträchtliche Summen;
- Einordnung in die Klimazonen der Erde: immergrüner tropischer Regenwald

Nehmen Sie **abschließend** anhand der **Klimazonenkarte** im **Atlas** eine Zuordnung vor.

3. **Nutzungsarten im tropischen Regenwald und ihre Auswirkungen**

Im Zuge des **Wanderfeldbaus** bzw. der Brandrodung fällen die Einheimischen Bäume und brennen die Stümpfe ab. Der nährstoffarme Boden wird dadurch mit der Asche gedüngt. Auf den Rodungsinseln wird Ackerbau für die Eigenversorgung mit Maniok, Batate (Süßkartoffel), Mais, Kürbissen, Erbsen, Mehlbananen betrieben. Nach nur wenigen Jahren hat sich die Bodenqualität durch Auswaschung, Erosion und Austrocknung so verschlechtert, dass die Bauern weiterziehen müssen, um neues Land zu roden. Dieser Prozess der armutsbedingten ökologischen Zerstörung wird durch die zunehmende Bevölkerungszahl in diesen Regionen noch beschleunigt.

Diese Aufgabe fordert von Ihnen vor allem das Aufzeigen von **Zusammenhängen** und **Wechselwirkungen** verschiedener Prozesse.

Konzentrieren Sie sich zunächst auf die **Nutzungsarten** im tropischen Regenwald: Nennen Sie diese nacheinander und zeigen Sie auch, warum bestimmte Nutzungsarten immer weiter ausgedehnt werden.

Eine großflächigere Art der landwirtschaftlichen Nutzung wird betrieben, indem riesige Flächen der tropischen Regenwälder zur Anlage von **Plantagen** für Exportgüter wie Kaffee, Kakao, Zuckerrohr, Bananen abgeholzt werden; zum anderen dienen die Flächen als **Weideland** für Rinder.

Die **Abholzung von Edelhölzern** (z. B. Mahagoni, Ebenholz, Limba) für den Export in die Industrieländer (z. B. USA, Deutschland, Kanada, Japan, Frankreich, Großbritannien) gilt als eine weitere Nutzungsart. Dafür werden gewaltige Schneisen geschlagen, um an vereinzelte Edelhölzer zu gelangen. Die übrigen gefällten Bäume bleiben liegen oder werden als Feuerholz verwendet. Dies ist ein Beispiel der reichtumsbedingten ökologischen Zerstörung.

Nennen Sie mindestens ein **Beispiel** für jede Nutzungsart, zeigen Sie auch die betreffenden Länder an der **Wandkarte**.

Außerdem werden tropische Regenwaldgebiete zur Erzeugung von **Elektroenergie** abgeholzt. Es gibt viele gigantische Projekte zur Energiegewinnung durch Wasserkraft. Dafür wurden Staudämme an den großen Flüssen erbaut sowie Wasserkraftwerke errichtet.

Die Erschließung, der Abbau und die Verarbeitung von **Bodenschätzen** ist ein weiterer großer Nutzungsbereich der tropischen Regenwälder. Teilweise siedelt sich an den Abbauorten auch die verarbeitende Industrie an, sodass für den Aufbau von

Industrieanlagen und Arbeiter-Wohngebieten weitere Waldbestände vernichtet werden.

In den letzten Jahren hat der Wirtschaftszweig **Tourismus** zunehmend an Bedeutung gewonnen. Die Staaten erkannten die damit verbundene zusätzliche Einnahmemöglichkeit. Aber auch in diesem Fall ist das Vordringen in stabile und gesunde Ökosysteme, die Zunahme der Abfallmengen, die Wasserverschmutzung durch Schiffe und Abwässer touristischer Einrichtungen problematisch.

Die **Auswirkungen** dieser Nutzungsarten sind vielfältig. Zunächst kommt es bei einem intakten, dicht bestandenen tropischen Regenwald zu einer hohen Regenwasserversickerung in den Boden, zu einer hohen Verdunstung und einem geringen Oberflächenabfluss. Fehlt nach einer Brandrodung die Vegetation, so versickert nur eine kleine Menge des Niederschlages, aber es ist ein **hoher Oberflächenabfluss** zu verzeichnen. Daraus resultieren die Ausspülung der Nährstoffe aus den Böden, die Abspülung der Böden selbst (Bodenerosion) sowie Überschwemmungen. Weiterhin findet durch die Abholzung des Pflanzenbestandes ein **Entzug der Nährstoffquelle** für den Boden statt. Der Regenwaldboden lebt vom Laubabfall. Absterbende Pflanzenteile werden von Kleinlebewesen zersetzt, wodurch die Nährstoffe frei werden und in den Boden gelangen. Die Wurzeln nehmen sie von hier rasch auf. Durch die Zerstörung der tropischen Regenwälder wird dieser Kreislauf unterbrochen und der Boden wird noch nährstoffärmer.

Zeigen Sie **anschließend** auf, welche **Wechselwirkungen** im Ökosystem Regenwald auftreten, wenn der Mensch mit seiner Nutzung eingreift.

Beginnen Sie mit der Beseitigung der **Vegetation** durch Abholzung. Weisen Sie auf die veränderte Abflusssituation und auf die fehlenden Nährstoffe hin.

Zum dritten ist eine **Erhöhung der bodennahen Temperatur** zu beobachten, wenn der natürliche Pflanzenwuchs fehlt. Die Sonnenstrahlen gelangen ungehindert bis zur Bodenoberfläche und erhitzen diese auf bis zu 50 °C. Unter normalen Regenwaldbedingungen mit üppiger Vegetation werden nur Temperaturen von ca. 26 °C erreicht. Die Böden trocknen aus und es bilden sich Risse. Das erschwert wiederum die landwirtschaftliche Nutzung.

Fahren Sie mit der veränderten **Temperatursituation** fort und nennen Sie die unmittelbaren Auswirkungen.

Tropische Regenwälder werden als „Lungen der Erde" bezeichnet, diese Funktion wird allerdings durch die Abholzung der Waldflächen beeinträchtigt. So findet immer weniger Photosynthese statt, sie ist für den Abbau des Kohlendioxids und die Produktion von Sauerstoff verantwortlich. Die Kohlendioxidmengen haben in den letzten Jahren durch das Verbrennen von Kohle und Öl in der Industrie sowie im privaten Bereich stark zugenommen. Aber auch andere Treibhausgase wie Methan und insbesondere FCKW (Flurchlorkohlenwasserstoffe) hatten einen enormen Anstieg zu verzeichnen. Alle diese Gase speichern Wärme und heizen die Atmosphäre auf. Man bezeichnet diesen Prozess als **Treibhauseffekt**. Die Folgen sind das Schmelzen der Eismassen an den Polen, der Anstieg des Meeresspiegels und das Überfluten küstennaher Gebiete.

Kommen Sie schließlich auch auf die weltweite Bedeutung der Regenwälder zu sprechen. Bringen Sie hier ein, was Sie aus dem **Unterricht** zur **Erwärmung** der **Erdatmosphäre** wissen; führen Sie den **Fachbegriff** „Treibhauseffekt" ein und erklären Sie ihn.

Eine weitere negative Auswirkung ist die **zunehmende Verschmutzung** von **Flüssen** und der **Luft** durch die Erschließung von Bodenschätzen, die Errichtung von Siedlungen und Industrieanlagen sowie durch zunehmenden Tourismus.

Der tropische Regenwald liefert der Menschheit eine Vielzahl an Pflanzen, die für Heilzwecke eingesetzt werden. Schon jetzt sterben täglich ca. 50 Pflanzenarten aus. Die „größte Apotheke der Menschen" wird systematisch vernichtet.

Weisen Sie zum **Abschluss** auf die Bedeutung der Regenwaldvegetation als Heilpflanzen hin.

Zusammenfassend kann man sagen, dass der weltweite Raubbau an den tropischen Regenwäldern verheerende, kaum wieder gut zu machende Folgen hat. Durch die Abholzung dieser Ökosysteme werden der Menschheit auf Dauer lebensnotwendige Grundlagen entzogen und zerstört.

Fassen Sie in einem **Abschlusssatz** zusammen, welche Tragweite die unangemessene Nutzung durch den Menschen hat.

4. **Steigender Papierverbrauch**

Der Papierverbrauch ist drastisch angestiegen. Zur Herstellung von Papier benötigt man Holz. Besonders Baumbestände in den tropischen Regenwäldern, aber auch in den Ländern Nordeuropas (z. B. Schweden) werden dafür gefällt. Der Rohstoff Holz kann nicht so schnell nachwachsen wie er abgeholzt wird; die Maßnahmen zu seiner Regeneration sind nicht ausreichend. Eine kontinuierliche Verringerung der Waldbestände ist die Folge. Die Industrienationen USA, Japan und Westeuropas stehen im Papierverbrauch mit über 60 % an erster Stelle (M 2). Gerade diese hoch entwickelten Staaten sollten ihren Papierbedarf einschränken und bedenken, dass auch sie von der Abholzung tropischer Regenwälder betroffen sind.

Lesen Sie die Kurzmeldung in **M 2**. Hier müssen Sie Ihre **persönliche Meinung** zu diesem Thema äußern.

Geben Sie den Inhalt von M 2 zunächst **kurz wieder** und sagen Sie anschließend, was Sie darüber denken.

Realschulabschluss (Sachsen) Mündliche Prüfung Geografie – Aufgabe 4: Weltbevölkerung – Verteilung, Entwicklung und Zusammensetzung

Aufgabenstellung

1. *Beschreiben* Sie die Bevölkerungsverteilung auf der Erde.
2. *Analysieren* Sie anhand von Material 1 die Entwicklung der Weltbevölkerung und deren Zusammensetzung.
3. *Nennen* Sie Ursachen und Auswirkungen der weltweiten Bevölkerungsentwicklung.
4. Fallbeispiel China:
   - *Erläutern* Sie die Übersicht zur Bevölkerungsentwicklung in China (M 2).
   - Ist die Bevölkerung innerhalb Chinas gleichmäßig verteilt? *Begründen* Sie Ihre Meinung.
   - *Nennen* und *werten* Sie die Maßnahmen des Programmes der Ein-Kind-Familie, das von China zur Regulierung des Bevölkerungswachstums gestartet wurde.

Materialien

M 1 Wachstum der Weltbevölkerung von 1650 – 2025 und deren Zusammensetzung

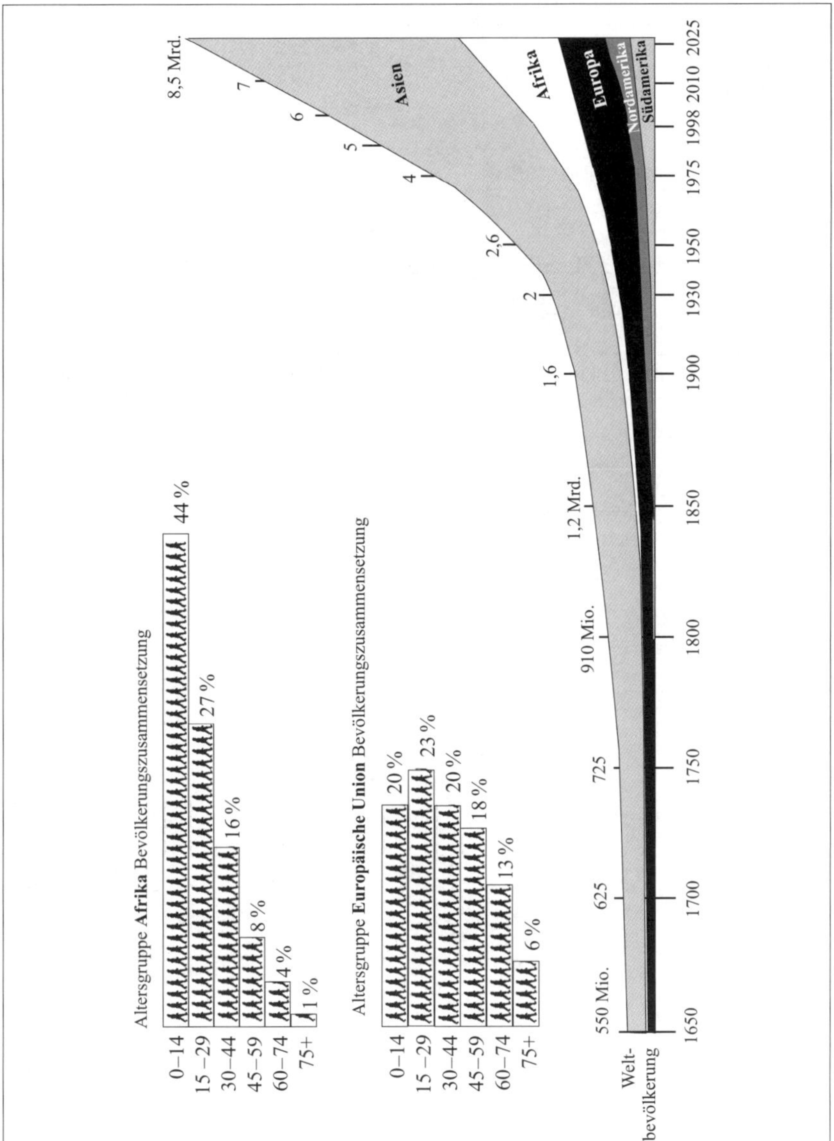

Quelle: nach Enzyklopädie der Geographie

M 2 Die Bevölkerungsentwicklung in China

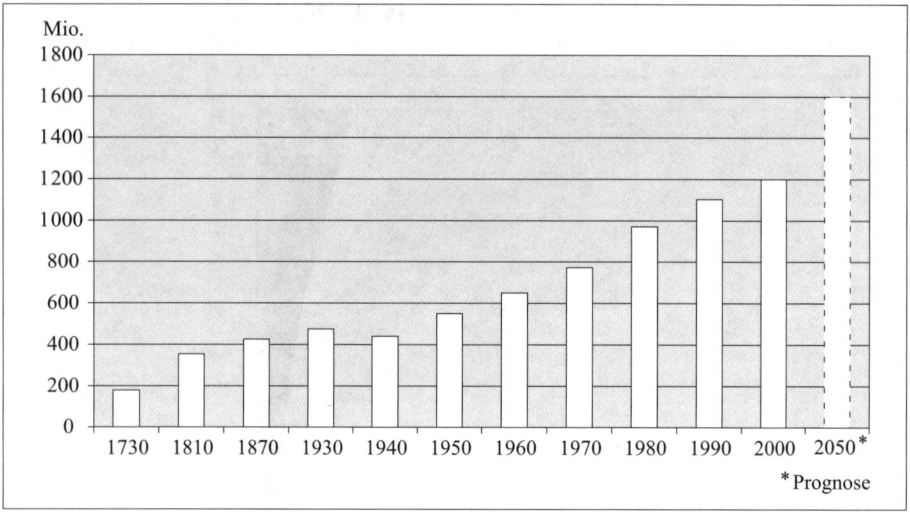

Quelle: eigene Grafik

Lösungsvorschlag

1. **Verteilung der Weltbevölkerung**

Die Weltbevölkerung von heute ca. 6,15 Mrd. Menschen ist räumlich **ungleichmäßig verteilt**. Regionen mit einer hohen Bevölkerungszahl, z. B. Teile Chinas, Indiens, Japans, Westeuropas und der USA (Ballungsräume), stehen weniger dicht besiedelte Räume wie z. B. die arktischen und antarktischen Gebiete, die Wüsten in Afrika (z. B. Sahara), Arabien, Asien (z. B. Gobi) und Australien sowie dichte Regenwaldregionen gegenüber. Auch innerhalb eines Landes kann es zu einer ungleichen Verteilung der Bevölkerung kommen. Dies ist der Fall, wenn Teile der Bevölkerung aus ländlichen Regionen in Großstädte umsiedeln, um dort Arbeit oder bessere Lebensbedingungen zu finden. Weitere Gründe für die unterschiedliche Verteilung der Menschheit auf der Erde können ungünstige klimatische Bedingungen, nicht ausreichende Möglichkeiten für die landwirtschaftliche Nutzung, ein ungünstiges Relief (Hochgebirge) oder Wassermangel sein.

Arbeiten Sie mit einer **Atlaskarte** zur weltweiten Verteilung der Bevölkerung.

Zeigen Sie während Ihres Vortrags die betreffenden Regionen an der **Wandkarte**.

2. **Wachstum und Zusammensetzung der Weltbevölkerung**

In den letzten Jahrhunderten stieg die Weltbevölkerung kontinuierlich an. Dies gilt für alle im Material (M 1) aufgeführten Kontinente. Dabei wurden die Abstände zu den nächsten 100 Mio. Menschen immer kürzer. Im Jahr 2000 lebten 6 Mrd. Menschen auf der Erde. Die Prognose für das Jahr 2025 beträgt 8,5 Mrd. Von 1650 bis 1930 kann man einen begrenzten Anstieg beobachten.

Konzentrieren Sie sich zunächst auf die **Wachstumskurven** im unteren Teil: Notieren Sie sich einige markante Zahlenwerte.

Ab ca. 1950 stieg die Bevölkerung besonders in Asien, aber teilweise auch in Afrika, rapide an. Man spricht von einer **Bevölkerungsexplosion**, die auf eine Verbesserung der medizinischen Versorgung der Entwicklungsländer (zum großen Teil mit ausländischer Hilfe) zurückgeführt wird. Auf diese Weise hat sich die Kindersterblichkeit verringert und die Lebenserwartung erhöht. Für Europa und auch den Doppelkontinent Amerika geht das stetige dosierte Wachstum weiter.

Zeigen Sie **Gemeinsamkeiten** und **Unterschiede** der Kontinente auf.

Die **Zusammensetzung der Bevölkerung** in Afrika und der Europäischen Union weist große Unterschiede auf (M 1):

- Die Altersgruppe bis 14 Jahre ist in der Europäischen Union nur mit 20 %, in Afrika aber mit 44 % vertreten. Das ist mehr als das Doppelte. Dafür gibt es unterschiedliche Gründe, z. B. die sehr hohen Geburtenraten, religiöse Wertvorstellungen, mangelnde Aufklärung über Verhütungsmethoden, soziale Absicherung durch Kinder im Alter.
- Die Altersgruppe der 15- bis 29-Jährigen hat in Afrika ebenfalls einen höheren Prozentanteil. Jedoch fällt der Unterschied zur Europäischen Union nicht so extrem aus, 27 % stehen 23 % gegenüber.
- Die Prozentzahlen der nächsten beiden Bevölkerungsgruppen (30- bis 44-Jährige sowie 45- bis 59-Jährige) liegen in Afrika niedriger als in der Europäischen Union. Zum einen 16 % gegenüber 20 %, zum anderen 8 % gegenüber 18 %. Als Gründe können schlechtere hygienische und medizinische Verhältnisse, Ernährungsprobleme sowie die damit verbundene niedrigere Lebenserwartung genannt werden.
- Die Altersgruppe über 60 Jahre erzielt in der Europäischen Union einen Anteil von 19 %, in Afrika dagegen von nur 5 %. Hier kann wieder die schlechtere medizinische Versorgung den Ausschlag geben.

Werten Sie dann die Altersgruppen von oben nach unten **aus**. Vergleichen Sie die %-Zahlen von Afrika und der EU miteinander.

Nennen Sie 1 bis 2 **Beispiele**, wie es zu den Unterschieden in der Bevölkerungszusammensetzung kommt.

3. Ursachen und Auswirkungen des weltweiten Bevölkerungswachstums

Für das stetige Anwachsen der Weltbevölkerung sind zum einen hohe **Geburtenraten** und sinkende **Sterberaten** in den Entwicklungsländern verantwortlich. Dies resultiert aus einer besseren medizinischen Betreuung, die mit Unterstützung der Industrienationen erzielt wird. Auf diese Weise können z. B. Epidemien besser eingedämmt werden.

Ein weiterer Grund ist die mangelnde Aufklärung über den Einsatz von **Verhütungsmitteln** bzw. der fehlende Zugang zu dieser Möglichkeit der Familienplanung. Hilfsorganisationen versuchen, mit Beratungsaktionen diesem Problem entgegenzuwirken. In manchen Staaten sind allerdings Mittel zur Geburtenkontrolle, beispielsweise aus religiösen Gründen, nicht erlaubt. Noch immer verhelfen Kinder in weniger entwickelten Ländern ihren Familien zu einem höheren Familieneinkommen und gelten als sichere Altersvorsorge.

Machen Sie sich zunächst **Stichpunkte** zu den Ursachen, beziehen Sie Erkenntnisse aus den vorigen Fragestellungen mit ein.

Die zunehmende Bevölkerungszahl der letzten Jahrzehnte führte dazu, dass das **Durchschnittsalter** der Menschheit heute bei 23 Jahren liegt. Der jetzige hohe Anteil an Kindern und Jugendlichen wird in den nächsten Jahrzehnten für ein weiteres Bevölkerungswachstum sorgen. Davon sind vor allem die Entwicklungsländer betroffen, da dort der Anteil der bis zu 15-Jährigen an der Gesamtbevölkerung zwischen 30 und 49 % liegt (z. B. China 30,6 %, Indien 36 %, Kenia 48,8 %). Im Gegensatz dazu betragen die Anteile der Industrienationen in der gleichen Bevölkerungsgruppe nur zwischen 16 und 22 % (z. B. Deutschland 16,2 %, USA 21,5 %).

Einige Staaten, vor allem China, Indien, Vietnam und Thailand haben Programme zur Geburtenregulierung gestartet. Allerdings dauert es viele Jahre, bis positive Resultate zu erkennen sind.

Nennen Sie Länder, die Maßnahmen zur Geburtenkontrolle eingeführt haben.

Die rasante Bevölkerungsentwicklung hat eine Reihe negativer **Auswirkungen** zur Folge. Mehr Menschen benötigen mehr Nahrung. Das Nahrungsmittelangebot ist jedoch in vielen Gebieten der Erde beschränkt. Gründe dafür liegen in der Bodenqualität, in der Möglichkeit der Bearbeitung (mangelnde Technik), in der Wüstenausbreitung sowie am nicht ausreichenden Wasserdargebot.

Legen Sie die Auswirkungen **in Stufen** dar: Bevölkerung wächst → Nahrungsmittel werden knapp → intensivere Landwirtschaft → Überlastung der Böden → Wasser wird knapp → Abwanderung.

Man versucht, auf den vorhandenen nutzbaren Acker- und Weideflächen noch mehr anzubauen bzw. eine größere Anzahl an Tieren zu halten. Dies führt zur **Überlastung** der Böden. Es werden zudem mehr Brunnen errichtet, um Trinkwasser für die Herden zu haben. Dadurch wird der Grundwasserspiegel immer weiter abgesenkt und das **Wasserangebot verringert sich** enorm. Somit stehen landwirtschaftliche Erzeugnisse nicht in ausreichender Anzahl zur Verfügung. Die Folge sind Hunger, Unter- bzw. Mangelernährung und Krankheit bis hin zum Tod.

Eine weitere Folge ist die **Abwanderung** aus ländlichen Gegenden in die Städte mit der Hoffnung, dort Arbeit sowie bessere Bildungsmöglichkeiten und Lebensbedingungen vorzufinden. Jedoch bleibt es häufig bei dieser Vorstellung. So leben die Zuwanderer, die zum großen Teil Analphabeten sind, meist am Rande der Städte in riesigen und von Seuchengefahr betroffenen Slums und finden kaum Arbeit. Mit diesen schlechten Bedingungen nimmt die Unzufriedenheit und damit Kriminalität, Prostitution sowie Kinderarbeit zu.

Aufgrund der Bevölkerungsbewegung werden die Probleme nur verlagert und sogar neue geschaffen. Die Einwohner konzentrieren sich in bestimmten Landesregionen, z. B. an den Küsten, an Flüssen oder in klimabegünstigten Gebieten. Für Städte wie Kalkutta und Lagos ergeben sich aus der schnellen und unkontrollierten Bevölkerungszunahme weitere Probleme, allen voran die Umweltbelastung durch Abfälle, Luft- und Wasserverschmutzung sowie Lärm.

Suchen Sie im Atlas **Beispielstädte/-regionen** in Entwicklungsländern, die durch Zuwanderung weiter wachsen und zeigen Sie diese auch an der Wandkarte.

4. **Bevölkerungsentwicklung in China und Auswirkungen von Regulierungsmaßnahmen**

Der Übersicht (M 2) zur Bevölkerungsentwicklung ist zu entnehmen, dass von 1730 bis zum Jahr 2000 (mit einer nur kleinen Abweichung 1930 bis 1940) in China ein ständiges Bevölkerungswachstum zu verzeichnen war. Besonders stark war der Anstieg ab 1940, als innerhalb von nur jeweils 10 Jahren ein Zuwachs von mindestens 100 Mio. Einwohnern zu verzeichnen war. Von 1970 bis 1980 waren es sogar 200 Mio. Die Gründe dafür liegen im niedrigen Bildungsstand, im frühen Heiratsalter sowie in einer stark von religiösen und traditionellen Vorstellungen bestimmten Denkweise.

Entnehmen Sie dem Diagramm die **Bevölkerungszahl** für die Jahre 1730 und 2000, beschreiben Sie den **Anstieg** dazwischen.

Zu Beginn des 21. Jh. lebten in China rund 1,2 Mrd. (1 200 Mio.) Menschen, es ist damit das bevölkerungsreichste Land der Erde. Auch in den nächsten Jahren wird mit einem weiteren Anstieg zu rechnen sein, obwohl bereits Maßnahmen zur Verringerung dieses explosionsartigen Wachstums eingeleitet wurden.

Weisen Sie darauf hin, dass die letzte Säule (2050) eine **Prognose** ist.

Die Bevölkerung Chinas ist ungleichmäßig über das Land verteilt. Ein Großteil (ca. 80 %) der Einwohner lebt im Osten von China. Dafür ist zum einen die Oberflächengestalt (Relief) verantwortlich, denn im Osten bestimmen Tiefländer sowie Mittelgebirge das Landschaftsbild. Dagegen sind der Westen und der zentrale Teil Chinas von Hochgebirgen und Wüsten geprägt, die zur Ansiedlung von Menschen ungeeignet sind.

Wählen Sie **Atlaskarten** zur Bevölkerungsverteilung und Oberflächengestalt in China.

Im Osten befinden sich im Küstenbereich und an Flussläufen zahlreiche Millionenstädte, z. B. Shanghai, Peking, Tientsin, Nanjing und Wuhan. Sie sind durch ein ausreichendes Wasserangebot, bessere Arbeitsplatzchancen sowie eine gute Infrastruktur gekennzeichnet.

Zeigen Sie an der **Wandkarte** Städte im Osten Chinas, in denen sich die Bevölkerung konzentriert.

Das **Programm** der **Ein-Kind-Familie** wurde von der chinesischen Regierung zur Verringerung des Bevölkerungswachstums erlassen. Wesentlicher Inhalt ist die späte Heirat und damit die späte Geburt des ersten Kindes. Mit diesem einen Kind sollten sich die Eltern begnügen und ihre Familienplanung abschließen. Sie erhalten dann eine Vielzahl an Vergünstigungen, zum Beispiel Lohnerhöhungen, größere Wohnungen, bessere Arbeitsplätze, Bevorzugung bei Kinderkrippen-, Kindergärten- und Schulplätzen sowie im Alter Rentenzuschüsse. Bekommt die Familie weitere Kinder, so werden alle Vergünstigungen gestrichen. Ausnahmen bilden Minderheiten sowie die dünn besiedelten Gebiete im westlichen und mittleren Teil des Landes. Sogar Zwangsabtreibungen und Zwangssterilisationen wurden vorgenommen, die weltweit auf Proteste stießen.

Notieren Sie sich in **Stichpunkten**, was Sie über dieses Programm wissen: Ziele und Inhalte.

Heute setzt man verstärkt auf Aufklärung, Bildung und gesundheitsfördernde Maßnahmen, damit die Bevölkerungszahl weiter eingeschränkt wird. In China zeigte das Programm in der letzten Zeit bereits Erfolg. Lag die Geburtenrate früher über 4 %, so sank sie bis heute auf 1,2 %. Jedoch wird erst im Jahr 2050 mit einem Stopp des Bevölkerungswachstums zu rechnen sein. Das liegt an dem derzeit hohen prozentualen Anteil der Jugendlichen an Chinas Gesamtbevölkerung. Bis dahin geht man von einem Anstieg der Einwohnerzahl auf ca. 1,6 Mrd. (Prognose) aus.

Legen Sie Ihre persönliche **Meinung dar**: Hat das Ein-Kind-Programm in China Erfolg? Gibt es andere sinnvolle Maßnahmen?

Realschulabschluss (Sachsen) Mündliche Prüfung Geografie – Aufgabe 5: Die Sahelzone

Aufgabenstellung

1. *Beschreiben* Sie an der Wandkarte die geografische Lage der Sahelzone (M 1).
2. *Definieren* Sie den Begriff „Sahel“. *Ordnen* Sie das Gebiet den Klima- und Vegetationszonen *zu*. *Kennzeichnen* Sie den Sahel durch relevante Klima- und Vegetationsmerkmale (M 1, M 2).
3. *Erläutern* Sie die Ursachen, die zur weiteren Ausbreitung der Wüste in der Sahelzone führen. *Erklären* Sie mögliche Hilfsmaßnahmen, die zur Verminderung der Folgen der Desertifikation beitragen können (M 2, M 3).

Materialien

M 1 Geografische Lage der Sahelzone

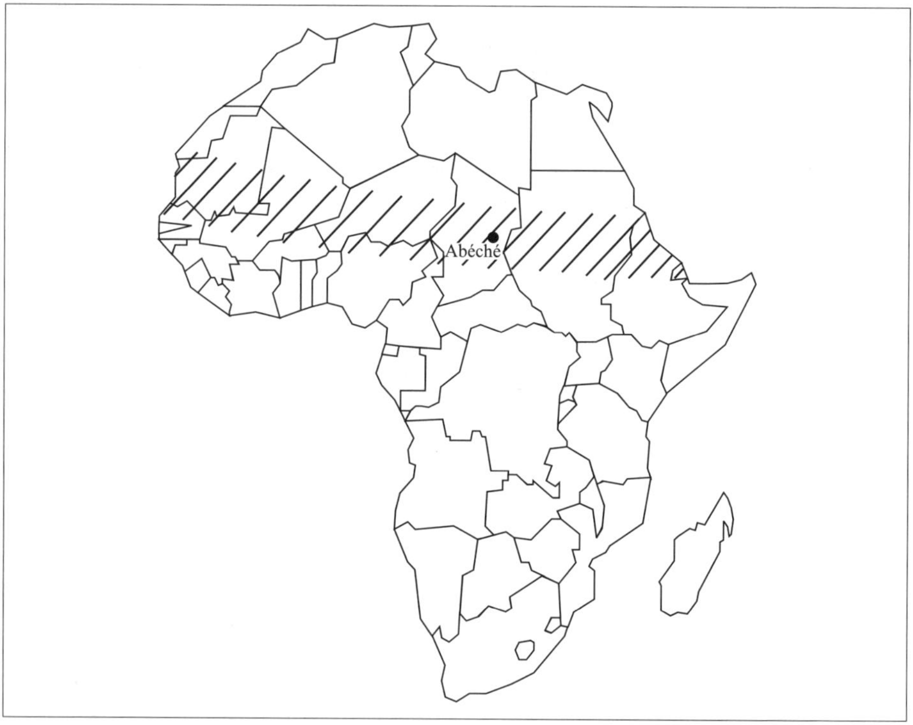

Quelle: eigene Karte

M 2 Klimadiagramm von Abéché (Tschad)

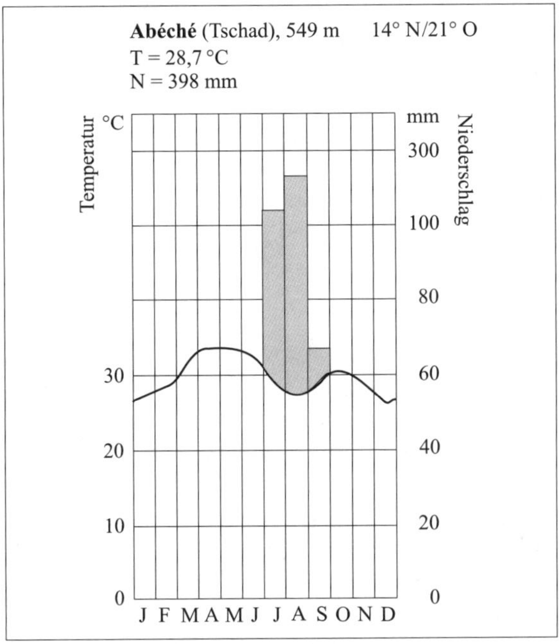

Quelle: nach www.klimadiagramme.de

M 3 Rinderbestände im Sahel

in Mio.	**1950**	**1960**	**1970**	**1974**	**1981**
Ziegen und Schafe	29	45	70	40	75
Rinder	12	19	28	20	25
Weideflächen pro Vieh (in ha)	5	3	2	3	2

Quelle: eigene Zusammenstellung

Lösungsvorschlag

1. **Geografische Lage der Sahelzone**

Als Sahelzone wird das Gebiet südlich der Sahara im nördlichen Afrika bezeichnet. Sie erstreckt sich zwischen 10° und 25° nördlicher Breite vom Atlantik bis zum Roten Meer. Der Lebensraum der Sahelzone umfasst unter anderem die Dornsavanne und große Teile der Trockensavanne. Gebiete der Staaten Senegal, Mali, Burkina Faso, Niger, Tschad, Sudan und Äthiopien haben Anteil am Sahel.

Bestimmen Sie mit Ihrem **Atlas** die Breitenlage der Sahelzone. **Notieren** Sie die Staaten, die in dieser Zone liegen. Grenzen Sie den Sahel an der **Wandkarte** ab.

2. **Klima- und Vegetationszonen im Sahelgebiet**

Der Begriff Sahel (Sahil) bedeutet „Ufer". Arabische Kameltreiber prägten diesen Begriff, als sie aus der Wüste kommend in Richtung Süden auf Gebiete stießen, die höhere Niederschläge aufwiesen, in denen Viehhaltung und Ackerbau außerhalb der Wüstenoasen wieder möglich waren.

Greifen Sie zur Erklärung des Begriffes „Sahel" auf **Wissen** aus dem **Unterricht** zurück.

Die Sahelzone befindet sich in der Klimazone des **tropischen Wechselklimas** (nach NEEF). In dieser Klimazone herrschen ganzjährig Temperaturen von 25 °C bis 35 °C. Es gibt Regen- und Trockenzeiten. Diese sind auf den Wechsel von trockenen **Passatluftmassen** und feuchten Äquatorialluftmassen zurückzuführen.

Ziehen Sie die **Karte** der **Klimazonen** der Erde im hinteren **Atlasteil** heran. Bestimmen Sie die Klimazone, in der die Sahelzone liegt.

Daraus resultierend haben sich in dieser Breitenlage die Vegetationszonen der Dornsavanne und Trockensavanne herausgebildet. In der Vegetationszone der **Dornsavanne** dauert die Regenzeit 2 bis 4 Monate, in der **Trockensavanne** kommt es im Zeitraum von 4 bis 6 Monaten zu Niederschlägen (siehe auch M 2). Die Vegetation ist durch karge Grasweiden gekennzeichnet. In dieser Graslandschaft stehen einzelne Akaziengewächse und Affenbrotbäume, die durch ihre langen bzw. breitgefächerten Wurzeln und ihre dicken, dornigen Blätter in der Lage sind, Wasser zu speichern. Dadurch können die Pflanzen längere Dürrejahre überstehen.

Halten Sie das **Typische** dieser Klimazone **fest**: die durchschnittliche Jahrestemperatur und das Vorhandensein von Regen- und Trockenzeit.

Stellen Sie dar, welche Vegetation sich unter diesen klimatischen Bedingungen entwickelt hat.

3. **Ursachen der Desertifikation und Bekämpfungsmaßnahmen**

Die Sahelzone ist ein **dürregefährdeter** Raum. In den Monaten Januar bis Juni sowie September bis Dezember fallen keine oder nur geringe Niederschlagsmengen. Es herrscht der trockene Nordostpassat vor. Wie dem Klimadiagramm von Abéché (Tschad) (M 2) zu entnehmen ist, liegen die durchschnittlichen jährlichen Niederschläge bei knapp 400 mm, sie fallen vor allem in den Monaten Juli bis September. In diesem Zeitraum treffen die aus der Wüste kommenden heißen trockenen Nordostwinde auf die feuchten Südwestwinde von der Atlantikküste. Es bilden sich Wolken und es kommt zu Regenfällen. Die Sahelzone ist aber durch große **Niederschlagsschwankungen** gekennzeichnet. In den 70er-Jahren schwankten die Niederschläge besonders stark zwischen 200 und 600 mm. Da die Sahelzone an der Grenze zum trockenen **Passatklima** liegt, erreichen die feuchten Luftmassen nur selten die Gebiete der Dornsavanne, die die nördliche Grenze des Sahel bilden. Hier können die Niederschläge über Jahre auch völlig ausbleiben.

Streben Sie eine **3-schrittige Antwort** an: 1. Faktor „Natur", 2. Faktor „Mensch", 3. Maßnahmen.

Faktor „Natur": Nennen Sie mithilfe von **M 2** die Merkmale des tropischen Wechselklimas: Temperaturwerte, Niederschlagsmenge/ -verteilung und vorherrschende Luftmassen.

Es kommt zu **Dürre-** und **Hungerkatastrophen** wie z. B. in den Jahren 1968 bis 1973, in denen auf einer Fläche von 3 Mio. km^2 10 Mio. Menschen vom Hungertod bedroht waren. Die Ursachen liegen aber nicht allein in den klimatischen Bedingungen begründet, sondern auch in der vom Menschen verursachten zunehmenden **Desertifikation** (Wüstenausbreitung).

Teilzusammenfassung: das Klima der Sahelzone begünstigt Dürre- und damit Hungerkatastrophen.

Der größte Teil der Bevölkerung des Sahel lebt als Nomaden. Die nomadische Viehhaltung war auf Regen- und Trockenzeiten abgestimmt. Innerhalb eines Jahres zogen die Viehtreiber nach Norden bzw. wieder nach Süden in die niederschlagsreicheren Gebiete, in denen Tiefbrunnen eine ausreichende Wasserversorgung garantierten. Durch genügend Wasser, gute Weideflächen sowie eine verbesserte tierärztliche Versorgung, stieg die Anzahl der Herden sehr schnell an (M 3). Sie hatte sich gegenüber 1950 in den 70er- und 80er-Jahren nahezu verdoppelt. Der große Viehbestand garantierte eine gute Versorgung der Familien mit Fleisch und Milch. Große Viehherden gelten als Symbol für Reichtum und Wohlstand ihrer Besitzer. In Dürrejahren bringen die zu großen Herden aber auch erhebliche Nachteile für die Bevölkerung. Sie fressen die Weiden kahl, das Gras kann nicht schnell genug nachwachsen, es kommt zur **Überweidung**. Auf den ehemals fruchtbaren Weideflächen bleiben nur dornige Sträucher zurück. Eine weitere Ursache für die

Faktor „Mensch": Halten Sie für Ihren Vortrag **stichpunktartig** fest, wie der Mensch die Ausbreitung der Wüste verstärkt: Überweidung, Brunnenbau, Grundwasserabsenkung, Zunahme der Bevölkerung.

Ziehen Sie dazu die Zahlen aus **M 3** heran und greifen Sie zwei **Beispiele** heraus.

Ausbreitung der Wüste liegt im **Brunnenbau**. In den letzten Jahren wurden mit ausländischer Hilfe immer mehr Brunnen errichtet. Die Herden können länger auf den Weiden bleiben, da die Wasserversorgung gewährleistet ist. Wegen der zu hohen Wasserentnahme sinkt jedoch der **Grundwasserspiegel** weiter ab. Die größer werdenden Viehherden trampeln den Boden fest. Die Bodenkrume wird zerstört, die Pflanzendecke geschädigt. So kann sich die Wüste immer mehr ausbreiten.

Eine weitere Ursache für die Hungersnot liegt bei der Bevölkerung. Ihre Anzahl hat sich in den letzen 40 Jahren verdoppelt. Um die Menschen ernähren zu können, mussten die Ackerflächen ständig erweitert werden. Durch Rodung ganzer Landstriche wurden Anbauflächen für Hirse, Hülsenfrüchte, Erdnüsse und Exportprodukte (Baumwolle, Sisal) geschaffen. Das Holz dient als Brennmaterial oder wird auf dem Markt verkauft. Gras- und Strauchvegetation wächst nicht schnell genug nach. Der Boden trocknet aus und wüstenhafte Merkmale können sich weiter ausbreiten. Dies führt zur **Desertifikation** und damit zu einer „man-made-desert", einer vom Menschen geschaffenen Wüste.

Um die Folgen der Desertifikation, vor allem die der Hungerkatastrophen, zu mildern, leisten die Industriestaaten **Entwicklungshilfe**. Sie besteht zum einen in der kurzfristigen, unmittelbaren Lebensmittellieferung, in der Versorgung mit Bekleidung und Medikamenten sowie im Aufbau von Flüchtlingslagern. Längerfristig können die betroffenen Länder aber nur durch Hilfe zur Selbsthilfe unterstützt werden. Dabei müssen die wirtschaftlichen, sozialen und finanziellen Bedingungen beachtet werden. Es geht vor allem darum, Know-how weiterzugeben. Die **Hilfe zur Selbsthilfe** beinhaltet die Vermittlung von Kenntnissen der Vorratshaltung und des Brunnen- bzw. Dammbaus. Oft stellen die Industriestaaten Ausbildungsplätze und Stipendien zur Verfügung.

Maßnahmen: Der **letzte Teil** Ihres Vortrages sollte sich mit den Lösungsansätzen befassen: Nennen Sie **Beispiele**, in welcher Form die Industrieländer Hilfe anbieten: Versorgung mit Lebensmitteln und Medikamenten, Beratung, Know-how.

In den Ländern des Sahels werden Betriebe für Lebensmittelverarbeitung und Futtermittelherstellung errichtet. Die Verkehrswege in den Dörfern werden ausgebaut. Es entstehen Schulen und Beratungsstellen für die Nomaden. Diese Beratungsstellen vermitteln Wissen über die notwendige Verkleinerung der Herden sowie die Züchtung von widerstandsfähigerem Fleisch- und Milchvieh.

Um die weitere Ausweitung der Wüste im Sahel zu verhindern, müssen Grüngürtel aus Busch- und Strauchwerk errichtet und verlassene Ackerflächen rekultiviert werden. Nur durch derartige Maßnahmen wird das natürliche Gleichgewicht in der Sahelzone wiederhergestellt.

Welche weiteren **Verbesserungsmöglichkeiten** fallen Ihnen ein? Nennen Sie ein **Beispiel**.

Realschulabschluss (Sachsen) Mündliche Prüfung Geografie – Aufgabe 6: Die Ernährung der Weltbevölkerung

Aufgabenstellung

1. In welchem Umfang werden Nahrungsmittel auf der Erde produziert und wie sind sie verteilt? *Erläutern* Sie in diesem Zusammenhang die Karikatur (M 1).
2. *Nennen* Sie Ursachen für den weltweiten Hunger und dessen Auswirkungen.
3. Eine Maßnahme, die eingeleitet wurde, um den Hunger zu beseitigen, ist die Grüne Revolution.
   Beantworten Sie unter Verwendung des Textes (M 2) folgende Aufgaben:
   - *Nennen* Sie das Land, in dem die Grüne Revolution durchgeführt wird sowie das Ziel dieses Programms.
   - *Beschreiben* Sie die Inhalte und die Ergebnisse des Programms.
4. Eine Möglichkeit, um dem Hunger zu entweichen, ist die Migration.
   - *Erläutern* Sie den Begriff „Migration“ und nennen Sie Ursachen dafür.
   - *Beschreiben* Sie die zwei Arten der Migration von Arbeitskräften mit Beispielen und *ordnen* Sie das Material (M 3) der richtigen Art *zu*.

Materialien

M 1 Die ungleiche Verteilung der Nahrungsmittel auf der Erde

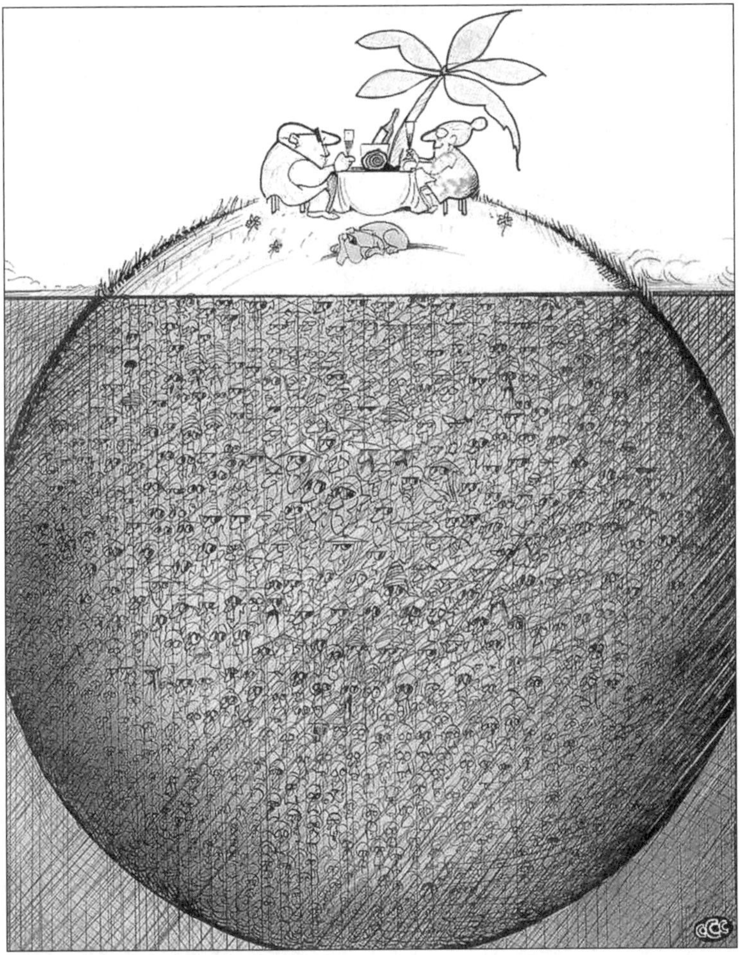

Quelle: © Hanel/CCC, www.c5.net

M 2 Die Grüne Revolution

Durch die ständig steigenden Bevölkerungszahlen kam es in Indien in den 60er-Jahren zu großen Engpässen in der Nahrungsmittelversorgung. 1966 startete die indische Regierung die Grüne Revolution, ein landwirtschaftliches Hilfsprogramm, mit dem Ziel der Erhöhung der Nahrungsmittelproduktion. Mit neuen Getreidesorten sollte die Hungersituation im Lande beseitigt werden. Zum Beispiel brachte eine neue Reissorte dreimal so viel Erträge wie die alten Sorten. Dies resultiert aus der kürzeren Reifezeit von nur 100 bis 130 Tagen, wodurch zwei bis drei Ernten pro Jahr möglich wurden sowie aus robusteren Halmen. Ähnlich gute Erfolge erzielte man mit einer neuen Weizensorte. Aber es gab auch Nachteile bei diesem „Wundergetreide". Ohne intensive Düngung, Schädlingsbekämpfung, Bewässerung und Bodenpflege sind die Rekordernten nicht zu erreichen.

Fazit: Die Grüne Revolution brachte nur Teilerfolge. Indien ist dank der Ertragssteigerungen seit 1978 in der Lage, sich mit Reis und Weizen selbst zu versorgen. Gleiches gilt jedoch nicht für die Hirse oder andere Grundnahrungsmittel wie z. B. Hülsenfrüchte. An der Grünen Revolution haben nur Mittel- und Großbetriebe in Bewässerungsgebieten, z. B. dem Punjab, teilgenommen. Kleinbauern erhielten keine Unterstützung, da ihre Felder zu klein waren für den Einsatz von großen Maschinen. Somit breitete sich der Unterschied zwischen armen und reichen Bevölkerungsschichten noch weiter aus.

Der indische Staat hat dies erkannt und sieht heute seine vorrangige Aufgabe in der Unterstützung der armen Landbevölkerung. Es wurden Programme mit dem Ziel der Hilfe zur Selbsthilfe, z. B. mit deutschen Organisationen, gestartet. Inhalte sind das Erlernen des Anlegens von Brunnen, der Aufbau der Kleinindustrie auf dem Land, Bildungshilfen sowie Anleitungen in technischen Bereichen.

Quelle: eigene Zusammenstellung

M 3 Migration in Westafrika

Bedeutende Abwanderungsgebiete:
Mali, Burkina Faso, Niger

Bedeutende Zuwanderungsgebiete:
Senegal, Elfenbeinküste, Sierra Leone, Ghana, Süden von Benin, Nigeria

Zahlenbeispiele der Abwanderungen von 1970 bis 1980 in Westafrika:

Staat	Abwanderung
Burkina Faso	– an die Elfenbeinküste (besonders nach Abidjan): 520 000 Einwohner – nach Ghana (besonders nach Accra): 120 000 Einwohner
Mali	– an die Elfenbeinküste: 300 000 Einwohner – nach Senegal (besonders nach Dakar): 100 000 Einwohner
Niger	– nach Nigeria (besonders nach Lagos, Port Harcourt und Kano): 400 000 Einwohner – an die Elfenbeinküste: 30 000 Einwohner – nach Benin (besonders in den Süden nach Cotonu): 30 000 Einwohner

Quelle: eigene Zusammenstellung

Lösungsvorschlag

1. **Versorgung mit Nahrungsmitteln nicht weltweit gewährleistet**

Durch das Wachstum der Weltbevölkerung steigt der Bedarf an Nahrungsmitteln ständig. Rund zwei Drittel der Erdoberfläche sind Gewässer, ein Drittel Festland. Von den ca. 150 Mio. km^2 Landfläche können aber nur 30 % landwirtschaftlich genutzt werden. Würde man die auf dieser Fläche erzielten Ernteerträge gleichmäßig verteilen, so könnte die gesamte Weltbevölkerung ernährt und mit allen lebenswichtigen Vitaminen, Mineralstoffen, Kohlehydraten und Eiweißen ausreichend versorgt werden. Die Realität sieht aber anders aus. Im Durchschnitt benötigt ein Erwachsener ca. 2 400 kcal Energie pro Tag. Der Nahrungsmittelverzehr eines großen Teiles der Bevölkerung in den Industrieländern liegt deutlich darüber, bei täglich 3 400 kcal. Eine mögliche Folge ist **Überernährung**.

Arbeiten Sie hier mit **Atlaskarten** zur weltweiten Landwirtschaft und Ernährungssituation.

Was wissen aus dem **Biologieunterricht** über eine ausgewogene Ernährung?

Im Gegensatz dazu ist die Nahrungsmittelversorgung in Entwicklungsländern bedeutend schlechter, sie liegt bei durchschnittlich 1 500 kcal pro Tag. Man spricht dabei bereits von **Unterernährung**. Hinzu kommt oftmals eine sehr einseitige Ernährung mit Reis, Hirse, Mais und Wasser. Nur selten werden die täglichen Mahlzeiten mit Obst, Gemüse, Eiern, Fisch oder gar Fleisch aufgewertet.

Nennen Sie die **Begriffe** Über- und Unterernährung und erklären Sie mit Ihren Worten, was man darunter versteht.

Aus diesen Tatsachen wird deutlich, dass sowohl in der mengenmäßigen als auch in der qualitativen Versorgung der Weltbevölkerung mit Nahrungsmitteln zwischen den Industrienationen (z. B. USA, Westeuropa, Japan) und den Entwicklungsländern (viele afrikanische, asiatische und lateinamerikanische Staaten, z. B. Tschad, Mali, Kambodscha, Laos, Brasilien, Peru) ein **Ungleichgewicht** herrscht.

Nennen Sie **Länderbeispiele** für eine ausreichende bzw. unzureichende Nahrungsmittelversorgung der Bevölkerung und zeigen Sie diese Länder an der **Wandkarte**.

Benachteiligung der Entwicklungsländer

Ähnliches drückt auch die Karikatur (M 1) aus. Der größte Teil (ca. 80 %) der Erdkugel ist dunkel dargestellt. Dieser kann mit den Entwicklungsländern und deren Problemen, wie **Unter-** und **Mangelernährung** sowie Armut, gleichgesetzt werden. Da sich der graue Bereich in der Karikatur „unten" befindet, steht er zudem für wirtschaftliche Abhängigkeit, ein niedriges Lebensniveau und eine geringe Lebenserwartung.

Der obere Teil der Erdkugel symbolisiert die „Sonnenseite" der Welt mit vielen Annehmlichkeiten. Zum Beispiel drückt die Darstellung der beiden älteren Menschen eine hohe Lebenserwartung bei Männern und Frauen in den Industriestaaten aus. Sie trinken auf ihr Wohl und blicken wahrscheinlich auf ein glückliches und erfülltes Leben zurück. Des Weiteren können sich diese Menschen Reisen und Erholung leisten, was durch die Palme sowie die einem Picknick ähnliche Situation angedeutet wird. Auch der satte und zufrieden wirkende Hund symbolisiert Reichtum. Während in den Entwicklungsländern Nutztiere gehalten werden, haben in den hoch entwickelten Staaten Haustiere eine größere Bedeutung.

Beachten Sie bei der **Auswertung** von **Karikaturen** immer folgende **3 Schritte**: beschreiben Sie die **Bildelemente**; versuchen Sie herauszufinden, welcher **Sachverhalt** dargestellt ist; ordnen Sie das Thema in einen größeren **thematischen Zusammenhang** ein.

Bei der **vorliegenden Karikatur** steht die ungleiche weltweite Verteilung von Nahrungsmitteln im Mittelpunkt.

2. **Ursachen des Hungers und seine Auswirkungen**

Bei den Ursachen für die schlechte Ernährungssituation in den vom Hunger bedrohten Regionen der Erde (z. B. Sahelzone) unterscheidet man natürliche und gesellschaftliche Faktoren. Zu den **natürlichen Faktoren** zählen Dürren, Überschwemmungen, ertragsarme Böden, Polar- sowie Höhen- und Trockengrenzen des Feldbaus. Diese Grenzen gestatten ab einer gewissen Breiten- bzw. Höhenlage keinen landwirtschaftlichen Anbau mehr.

Gesellschaftliche Faktoren sind:

- der enorm hohe Bevölkerungszuwachs;
- Kriege und andere Konfliktsituationen, wodurch die Landwirtschaft eingeschränkt wird bzw. weite Landesteile zerstört werden;
- ungerechte Besitzverhältnisse an Ackerflächen. Nur wenige Großgrundbesitzer besitzen Plantagen, auf denen sie Exportprodukte anbauen. Demgegenüber gibt es unzählige Kleinbauern mit nur ca. 1 bis 10 Hektar gepachteter Ackerfläche, die gern ein größeres Stück Land besitzen und bearbeiten würden, um ihre Familien ausreichend ernähren zu können.

Diese Aufgabe lässt sich in **2 Schritte** aufteilen: Beginnen Sie mit den **Ursachen** des Hungers: zählen Sie natürliche und gesellschaftliche Faktoren auf und machen Sie sich **stichpunktartige Notizen** dazu.

– die Verdrängung des Anbaus von Grundnahrungsmitteln zu Gunsten von Exportgütern wie z. B. Baumwolle, Kaffee, Erdnüsse, Kakao, Tee, Tabak;
– zu hohe Viehbestände, an die zum Teil für die Menschen lebensnotwendiges Getreide verfüttert wird und durch die die Überweidung rasant voranschreitet;
– der Mangel an technischen Geräten sowie Saatgut und Düngemitteln;
– verfehlte Wirtschafts- und Agrarpolitik.

Zu den Auswirkungen des Hungers zählt zum einen die einseitige Ernährung mit der Folge von **Mangelerscheinungen**. Optimal wäre eine Nahrungszusammensetzung aus 60 % Kohlehydraten (z. B. Weizen, Roggen, Mais, Reis, Gerste, Hirse, Kartoffeln, Maniok, Batate, Yams), 25 % Fetten tierischer oder pflanzlicher Herkunft und 15 % Eiweiß, Vitaminen sowie Mineralstoffen. In den Ländern der Dritten Welt werden durchschnittlich 95 % der Nahrung durch Kohlehydrate aufgenommen. Nur die restlichen 5 % können mit Eiweiß, Mineralien oder Vitaminen gedeckt werden. Bei Eiweißmangel ist die körperliche und geistige Entwicklung von Kindheit an eingeschränkt. Fehlen Mineralien, z. B. Eisen, so kommt es zu schnellem Ermüden und somit zu niedrigerer körperlicher Belastbarkeit. Vitaminmangel hat Augen-, Herz- und Nervenbeschwerden zur Folge.

Tragen Sie **anschließend** die **Auswirkungen** des Hungers zusammen. **Notieren** Sie sich zu jeder Auswirkung **Stichpunkte**, aus denen Sie im Vortrag jeweils zwei **kurze** und **präzise Sätze** formulieren können.

Zum anderen wachsen die Familien in den Entwicklungsländern stetig. Fünf bis zehn Kinder sind keine Seltenheit. Die Nahrungsmittelmenge, die die Familie auf ihrem eigenen Feld erarbeiten kann, reicht nicht mehr aus, es kommt zu **Unterernährung**. Als Folgen sind Untergewicht, ein vermindertes Leistungspotenzial und geringeres Arbeitsvermögen, eine erhöhte Krankheitsanfälligkeit, gesundheitliche Dauerschäden sowie eine niedrigere Lebenserwartung zu verzeichnen.

Bedenken Sie: Bei dieser Aufgabe müssen Sie Ihre gesammelten Punkte **nur nennen**, es ist **keine** weitere **Bewertung** gefordert.

Zum dritten haben die Menschen in diesen Regionen der Welt die Hoffnung, dass es in den Städten Arbeit gibt, die das Familieneinkommen sichert. Deshalb siedeln sie aus den dörflichen Gebieten in Großstädte um. Dies nennt man **Landflucht**. Dort finden sie oft weder Wohnraum noch Arbeit, weil die Städte hoffnungslos überfüllt sind und so werden sie gezwungen, in Slums zu wohnen.

Zu einer Verschärfung des Hungerproblems können teilweise auch **ungeeignete Entwicklungshilfeprogramme** beitragen. Das ist dann der Fall, wenn die Hilfsmaßnahmen ausschließlich Nahrungsmittellieferungen aus Überschüssen der Industrienationen umfassen. Die einheimische Bevölkerung der Dritte-Welt-Staaten hat sich in der Vergangenheit oftmals auf diese Hilfssendungen verlassen und vernachlässigte dabei den Anbau landestypischer Kulturen bzw. spezialisierte sich auf Monokulturen für den Export. Ein Beispiel hierfür ist Ägypten, welches regelmäßig Nahrungsmittelhilfe von den USA bekam. Besser ist die Hilfe zur Selbsthilfe, die die Schulung der einheimischen Bevölkerung über geeignetes Saatgut, richtige Benutzung und Reparatur der technischen Geräte, den gezielten Einsatz von Düngemitteln beinhaltet. Gelungene Projekte wurden bereits in Gambia (von der Welthungerhilfe) und in Südindien (von Misereor) gestartet.

Ergänzen Sie Ihre Ausführungen wo immer es Ihnen möglich ist mit **Beispielen**, die Sie aus dem **Unterricht** oder aus den **Medien** kennen.

Ein letztes Auswirkungskriterium ist der fehlende Anreiz für die Bauern zum Anbau von mehr landwirtschaftlichen Erzeugnissen. Das ergibt sich aus einer **falschen Agrarpolitik**. Obwohl die Entwicklungsländer Agrarstaaten sind, geben sie für die Landwirtschaft oft nur ca. 10 % ihres Jahresbudgets aus. Diese geringe Menge wiederum wird fast ausschließlich zur Unterstützung von Exportkulturen verwendet. Die dadurch erzielten Erlöse sind aber aufgrund des hohen Preisverfalls beim Warenaustausch mit Industrienationen sehr niedrig. Hinzu kommt, dass importierte Nahrungsmittel häufig billiger sind, als Produkte der einheimischen Bevölkerung. Auf der anderen Seite müssen die Staaten der Dritten Welt viel Geld für dringend benötigte Importgüter ausgeben. Die Schlussfolgerung daraus ist, dass diese Staaten verstärkt Exportwaren anpflanzen, wodurch die eigene Nahrungsmittelproduktion immer weiter zurückgedrängt wird – ein endloser Kreislauf.

Weisen Sie auch auf die enge **Verknüpfung** zwischen **politischen** und **wirtschaftlichen** Entscheidungen hin.

3. **Merkmale und Erfolge der Grünen Revolution**

Die Grüne Revolution wird als landwirtschaftliches Hilfsprogramm in Indien seit 1966 mit dem Ziel der zunehmenden Nahrungsmittelproduktion durchgeführt. Der Grund dafür war das enorme Bevölkerungswachstum Indiens und die daraus resultierende unzureichende Lebensmittelversorgung, besonders in den 60er-Jahren.

Lesen Sie den Text in **M 2** und **unterstreichen** Sie wichtige **Begriffe**.
Die Aussagen zur ersten Teilfrage finden Sie in den ersten 5 Zeilen.

Durch den Einsatz neuer Getreidesorten sollten Rekordernten erreicht werden. Mit einer neuen Reissorte werden z. B. bedeutend höhere Erträge erzielt, weil die Pflanzen in nur 100 bis 130 Tagen reifen. Jetzt sind bis zu drei Ernten pro Jahr möglich. Für eine neue Weizensorte soll Ähnliches gelten.

Tragen Sie nun die Aussagen zu den **Inhalten** des Programms zusammen und belegen Sie diese mit **Beispielen**.

Allerdings mussten die Bauern bei diesen „Wundersorten" Einiges beachten. So verlangt der Boden zuvor eine äußerst sorgfältige Bearbeitung, eine exakte Bewässerung und Düngung. Zudem ist verstärkt Schädlingsbekämpfung notwendig, da das neue Saatgut sehr anfällig ist. Für Kleinbauern ist diese Bearbeitungsweise sehr aufwändig und teuer. Die Regierung förderte demzufolge vor allem leistungsfähige größere Betriebe sowie geeignete Gebiete in Flussnähe, z. B. die Punjabregion.

Wo es Ihnen sinnvoll erscheint, können Sie auch **Begriffe** oder gar kleine **Passagen aus dem Text** einbringen.

Tatsächlich wurden die Erträge in kurzer Zeit gesteigert, sodass Indien seit 1978 in der Lage ist, seine Bevölkerung eigenständig mit Reis und Weizen zu versorgen. Dies stellt jedoch erst einen Teilerfolg dar, denn einige Regionen des Landes sind nach wie vor vom Hunger betroffen. Die Ertragssteigerung konzentriert sich ausschließlich auf Weizen und Reis, nicht aber auf Hirse oder Hülsenfrüchte.

Stellen Sie zum **Abschluss** die **Ergebnisse**, die mit der Grünen Revolution erzielt wurden, aus dem Text zusammen.

Greifen Sie auch die im Text eingebaute **Wertung** der Ergebnisse mit auf.

Die Kleinbauern konnten mit ihren kleinen Parzellen nicht an der Grünen Revolution teilnehmen, eine Produktionssteigerung war daher nicht möglich. Die indische Regierung erkannte nach einiger Zeit diese Entwicklung und setzt nun verstärkt auf Hilfsprogramme zur Selbsthilfe. Dies umfasst den Aufbau der Dorfindustrie, den Bau von Brunnen, Bildungshilfe sowie technische Unterstützung.

4. Ursachen und Arten der Migration

Unter Migration versteht man die Wanderung von großen oder kleinen Bevölkerungsgruppen zum Zweck der Arbeitsfindung und sozialen Absicherung (freiwillige Migration) oder aus Sicherheitsgründen aufgrund von Bürgerkriegen oder anderen Krisensituationen (erzwungene Migration). Zu den Ursachen der Migration zählen demnach Armut, Hunger, Krieg, religiöse Verfolgung, Naturkatastrophen, Arbeitslosigkeit, politische Asylsuche sowie Seuchen oder Epidemien.

Geben Sie zunächst mit **eigenen Worten** wieder, was man unter dem Begriff „Migration" versteht. Nennen Sie **Beispiele** für die **Ursachen** der Migration.

Die zwei Arten der Migration von Arbeitskräften sind die nationale oder Binnenwanderung und die internationale Migration. Zur **nationalen Migration** zählt z. B. die Arbeitskräftewanderung in Deutschland von Ost nach West aufgrund eines besse-

Notieren Sie sich zu den beiden Arten der Migration jeweils **Beispiele**.

ren Arbeitsplatzangebotes und höherer Verdienste im westlichen Teil von Deutschland.

Zur **internationalen Migration** gehört das im Material 3 dargestellte Beispiel Westafrikas: bedeutende Abwanderungsgebiete sind die innerafrikanischen Staaten Niger, Mali und Burkina Faso. Die Menschen wandern in die Küstenländer, z. B. nach Nigeria, Elfenbeinküste, Senegal oder Sierra Leone. Aus der Übersicht geht hervor, dass zwischen 1970 und 1980 eine beträchtliche Anzahl an Menschen migrierte. Der Hauptgrund dafür liegt in der großen Dürre von 1968 bis 1973. Zentren der Zuwanderung sind vor allem Groß- und Hafenstädte mit Industrie oder Abbaustandorte von Bodenschätzen, wie die Städte Accra, Abidjan, Lagos und Dakar. Die Leute hoffen, Arbeit und Versorgungsmöglichkeiten für ihre Familien zu finden. Weitere Ursachen der Abwanderung aus den nördlichen und inneren Landesteilen können die schlechte Bodenqualität, die Wüstenausbreitung (Desertifikation) und Wasserknappheit sowie die damit einhergehende Seuchengefahr sein.

Sehen Sie sich **M 3** an und entscheiden Sie, ob an dieser Migration **ein** Land oder **mehrere** Staaten beteiligt sind. Damit können Sie die **Zuordnung** zur internationalen Migration **vornehmen**.

Arbeiten Sie mit dem **Atlas** und suchen Sie auf einer **politischen Afrikakarte** die betroffenen Staaten.

Nennen Sie auch mögliche **Gründe** für die umfangreiche Migration im dargestellten Zeitraum.

Realschulabschluss (Sachsen) Mündliche Prüfung Geografie – Aufgabe 7: Deutschland – Oberflächenformen

Aufgabenstellung

1. *Beschreiben* Sie die Gliederung Deutschlands in Großlandschaften. Nutzen Sie dazu die Karte M 1.
2. *Erklären* Sie die Entstehung dieser Großlandschaften und ihrer typischen Oberflächenformen. Beginnen Sie dabei im Norden und verwenden Sie die Materialien M 2 und M 3.
3. *Ordnen* Sie die folgenden Begriffe den Großlandschaften *zu*, ohne eine Bewertung vorzunehmen:
   - Findling
   - Vereisung
   - Hebung
   - Grabenbruch
   - Glaziale Serie
   - Pultscholle
   - Gebirgsvorland
   - Sedimentablagerungen
   - Abtragung
   - Horstscholle

Materialien

M 1 Die Großlandschaften Deutschlands

Quelle: eigene Grafik

M 2 Entstehung der glazialen Serie

Während der Vereisung

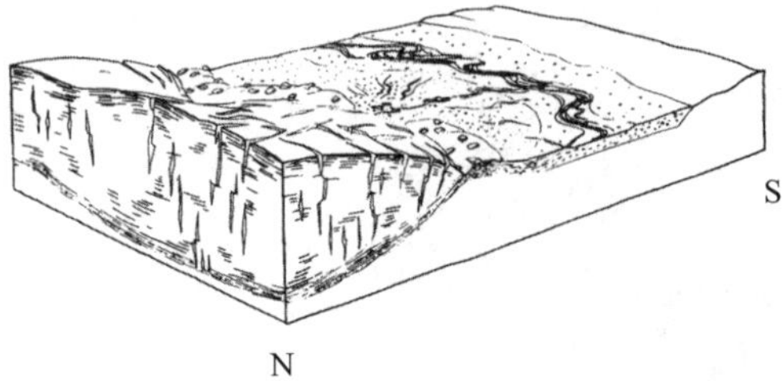

Nach dem Abschmelzen des Eises

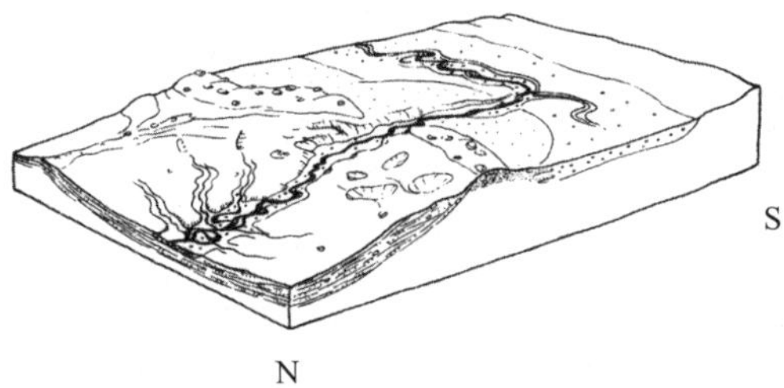

Quelle: eigene Grafik

M 3 Die Entstehung der Alpen

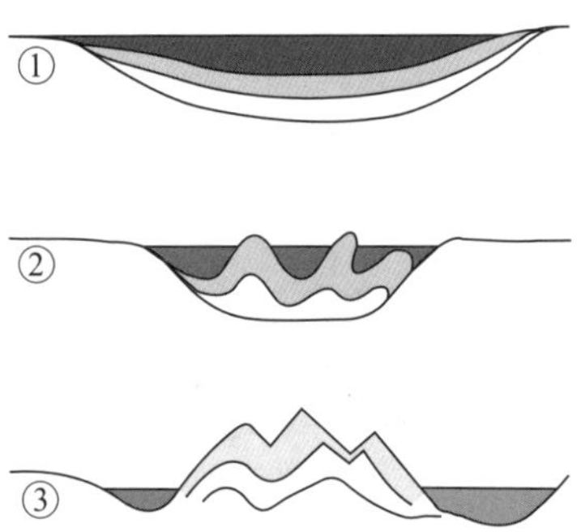

Vor Jahrmillionen kam es zu **Ablagerungen** im Meer und zur Absenkung des Meeresbodens

Faltung der Gesteinsschichten in der Tiefe durch Vorgänge im Erdinneren

Seit dem Tertiär:
Heraushebung des Gebirges
Verwitterung und Abtragung

Quelle: eigene Grafik

Lösungsvorschlag

1. **Die Großlandschaften Deutschlands von Norden nach Süden**
Deutschland weist eine Vielfalt an Oberflächenformen auf (M 1). Im Norden erstreckt sich von den Küsten bis an den Rand der Mittelgebirge über rund 200 km das **Norddeutsche Tiefland**, welches zum Mitteleuropäischen Tieflandsgebiet gehört. Die **Eiszeiten** gestalteten sein heutiges Aussehen. So wechseln sich fast ebene Bereiche mit flachwelligen bis kuppigen Abschnitten sowie vereinzelten Hügelketten ab. Die Höhe von 200 m wird kaum überschritten.

Südlich schließt sich die **Mittelgebirgslandschaft** an. Sie ist mit ca. 400 km Nord-Süd-Ausdehnung die flächenmäßig größte Großlandschaft Deutschlands. Sie setzt sich z. B. aus den Mittelgebirgen Harz, Eifel, Schwarzwald, Erzgebirge, Thüringer Wald und Bayrischer Wald zusammen. Der Höhenbereich liegt zwischen 250 und 1 500 m. Die Berge sind abgerundet, dazwischen liegen Täler und Becken, die im Vergleich zu den Gebirgszügen wesentlich dichter besiedelt sind, z. B. die Oberrheinische Tiefebene und das Thüringer Becken.

Den südlichsten Teil Deutschlands bilden die Alpen mit dem Alpenvorland. Die Grenze zwischen der Mittelgebirgslandschaft und diesem Hochgebirge mit Vorland bildet die Donau. Das **Alpenvorland** steigt in Richtung Süden allmählich an, von ca. 320 m in Donaunähe bis auf rund 600 m in Alpennähe, und geht schließlich in die Alpen über. An diesem Hochgebirge hat Deutschland nur einen geringen Anteil. Die deutschen **Alpen** werden in drei Abschnitte unterteilt: die Allgäuer Alpen im Westen, die Bayerischen Alpen zwischen den Flüssen Lech und Inn sowie die Berchtesgadener Alpen im östlichen Teil. Der mit 2 962 m höchste Berg der Bayerischen Alpen ist die Zugspitze. Die Alpen werden von vielen Tälern zerschnitten, die größtenteils durch Gletscher ausgeschürft und überformt wurden.

Arbeiten Sie mithilfe von **M 1** und nennen Sie die Großlandschaften Deutschlands von Norden nach Süden. Übernehmen Sie die **4-teilige Gliederung** der Karte und nennen Sie für jede Großlandschaft wichtige **Merkmale**: Ausdehnung, Höhenbereich, äußere Erscheinungsform.

Achten Sie darauf, dass Sie für diese Aufgabe **möglichst wenig Zeit** verwenden, diese benötigen Sie für die umfangreiche Aufgabe 2.

Notieren Sie sich für jede Großlandschaft ein **Beispiel** oder markante **topografische Objekte**, die Sie im Vortrag an der **Wandkarte** zeigen können.

2. **Entstehung der Großlandschaften Deutschlands**

Auf dem Gebiet des **Norddeutschen Tieflands** schoben sich vor ca. 600 000 Jahren riesige Inlandeismassen von Skandinavien kommend nach Süden vor (siehe M 2, obere Abbildung), die weiteste Ausdehnung reichte bis an den Rand der Mittelgebirge. Man geht dabei von mindestens vier **Kaltzeiten** aus, die mehrmals von Warmzeiten unterbrochen wurden. Das Gletschereis löste aus dem Untergrund grobes und feines Gesteinsmaterial heraus, das in den Eismassen eingeschlossen und von Nordeuropa bis nach Norddeutschland transportiert wurde (M 2, obere Abbildung). Unter dem Druck des Eises wurde das darunter befindliche Gestein zerrieben und zerkleinert sowie Vertiefungen weiter ausgeschürft. Nach dem Abtauen des Eises blieb das mitgeführte Material liegen und es entstand die flache bis leicht kuppige **Grundmoränenlandschaft**. Sie besteht aus zum Teil mächtigen, unsortierten Gesteinsschichten, in denen alle Korngrößen vertreten sind, von kleinsten Tonteilchen bis hin zu gewaltigen Findlingen. So werden große Felsblöcke bezeichnet, die im Eis eingefroren waren und von Skandinavien bis nach Norddeutschland transportiert und dabei abgerundet wurden.

Für diese Aufgabe müssen Sie **genügend Zeit** einplanen. Gehen Sie bei allen Großlandschaften wie folgt vor: zeitliche Einordnung, Abfolge der Ereignisse, Ergebnisse. Legen Sie dazu eine **Tabelle** an.

Beginnen Sie mit dem **Norddeutschen Tiefland,** hierfür können Sie **M 2** heranziehen. Beginnen Sie mit dem **oberen Teil** der Abbildung. Nennen Sie die **Prozesse** während der Vereisung und die **Formen**.

In den ausgeschürften Vertiefungen der Grundmoränenlandschaft blieben die Schmelzwässer zurück und es entstanden Seen (M 2, untere Abbildung). Ein Beispiel dafür ist die Mecklenburger Seenplatte. Vor dem Gletscher lagerte sich durch den mehrmaligen Eisvorstoß zusammengeschobener Gesteinsschutt in Form von geschwungenen Hügelketten, den **Endmoränen**, ab (M 2, untere Abbildung). Als Beispiele sind der Nördliche und der Südliche Landrücken bekannt. Sie haben Höhen von mehr als 100 m und bilden die einstige Grenze des Inlandeises.

Arbeiten Sie dann mit dem **unteren Teil** von **M 2**: Zeigen Sie, welche Oberflächenformen sich während und nach dem Eisrückzug gebildet haben.

Als sich die Gletscher zurückzogen, schwemmten die gewaltigen Schmelzwassermassen Sand, Kies und Ton aus den Endmoränen aus. So entstanden die **Sander**, z. B. die Lüneburger Heide. Diese großen Sandflächen sind nach Süden hin schwach geneigt und von geringerer Mächtigkeit als im Norden (M 2). Das Schmelzwasser wurde von breiten Tälern, den **Urstromtälern**, aufgenommen und wurde in Richtung Nordwesten in den Atlantik abtransportiert (M 2, untere Abbildung). Noch heute fließen einige Flüsse, z. B. die Elbe, in solchen Tälern.

Überlegen Sie, wo Sie **Beispiele** (auch aus Ihrer Heimatregion) einbauen können. Erweitern Sie Ihre Tabelle um eine **Spalte „Beispiele“**, die Sie auch in den folgenden Teilschritten auffüllen.

Die Einheit der von Norden nach Süden entstandenen Formen – Grundmoräne, Endmoräne, Sander und Urstromtal – wird als **glaziale Serie** bezeichnet. Die beiden Moränenarten wurden durch das Inlandeis geschaffen, die Sander und Urstromtäler hingegen durch Schmelzwässer. Insgesamt gilt die glaziale Serie als **Ablagerungsgebiet**, während Skandinavien als **Abtragungsgebiet** bezeichnet wird, da aus dieser Region Gesteinsmaterial herangeführt wurde.

Fassen Sie die genannten 4 Oberflächenformen unter dem Begriff der „glazialen Serie" **zusammen**; setzen Sie an dieser Stelle weitere **Fachbegriffe** und ihre Erklärung ein.

Im Untergrund der **Mittelgebirgslandschaften** befindet sich ein abgetragener Gebirgsstumpf aus früheren Gebirgsbildungsphasen. Darauf lagerten sich unter dem Einfluss des vordringenden Meeres gewaltige Sedimentschichten, bestehend aus Sand- und Kalkstein, ab. Zur Zeit der Alpenbildung im Tertiär (vor ca. 65 Mio. Jahren) gelangte die Rumpffläche unter großen Druck und Spannung, sodass sie in einzelne Schollen zerbrach. Durch Hebungs-, Senkungs- und Kippvorgänge an den Schollen entstanden unterschiedliche Formen. Zum einen **Horstschollen**, als Beispiel kann der Harz genannt werden, zum anderen **Grabenbrüche**, z. B. die Oberrheinische Tiefebene sowie **Pultschollen**, für die das Erzgebirge ein gutes Beispiel darstellt. Entlang der Bruchstellen konnten aus dem Erdinneren vulkanische Gesteinsmassen an die Oberfläche treten. Der wohl bekannteste Vulkan dieser Art ist der Kaiserstuhl im Oberrheingraben. Diese Vulkane sind längst erloschen und ebenfalls wie die Mittelgebirge in die von außen einwirkenden Verwitterungs- und Abtragungsprozesse eingebunden. Mittelgebirge weisen abgerundete Bergformen auf, die häufig bis in die oberen Lagen bewaldet sind.

Fahren Sie mit der sich südlich anschließenden **Mittelgebirgslandschaft** fort. Nehmen Sie auch hier eine zeitliche Einordnung vor; nennen Sie Vorgänge und Formen.

Für diese Großlandschaft steht Ihnen **kein Material** zur Verfügung, ergänzen Sie **Unterrichtswissen** mit Erkenntnissen aus dem **Atlas**.

Notieren Sie in Ihrer Tabelle unbedingt **Beispiele**, die Sie während Ihres Vortrags an der Wandkarte zeigen können.

Die **Alpen** sind ein junges Faltengebirge. Die Entstehung lässt sich in drei Abschnitte gliedern:

– **Sedimentablagerung** (M 3, Abbildung 1): Vor ca. 200 Mio. Jahren (Trias), kam es zur Absenkung des Meeresbodens zwischen der afrikanischen und der eurasischen Platte. Durch die Flüsse wurden gewaltige Sedimentmassen, vor allem Geröll, Sand und Schlamm in dieses Meeresbecken transportiert. Dazwischen lagerten sich Kalkschalen von Muscheltieren ab. So konnten über einen langen Zeitraum mächtige, kilometerhohe Sand- und Kalksteinschichten auf dem Meeresboden entstehen.

Für die Großlandschaft der **Alpen** steht Ihnen **M 3** zur Verfügung.

Übernehmen Sie die darin enthaltene **3-schrittige Gliederung** der Entstehung; beschreiben Sie die Sedimentation, Faltung, Hebung/Abtragung mit jeweils **1 Satz**.

- **Faltung** (M 3, Abbildung 2): Vor ca. 65 Mio. Jahren (Tertiär) gerieten durch das Aufeinanderzubewegen (Kollision) der afrikanischen und eurasischen Platte die Sand- und Kalksteinschichten unter den Einfluss großen Drucks und hoher Temperaturen. Sie wurden untermeerisch gefaltet bzw. teilweise übereinander geschoben.
- **Hebung** und **Abtragung** (M 3, Abbildung 3): In diesem Stadium (seit rund 50 Mio. Jahren) wird das auf dem Meeresboden gebildete Faltengebirge durch die weitere Plattenbewegung herausgehoben. Dies ist der Grund, warum auch in den oberen Bergregionen Versteinerungen von Meerestieren (Fossilien) zu finden sind. Nach der Hebung setzte die Verwitterung und Abtragung durch Gletscher sowie Flüsse ein. So wurden beispielsweise die voreiszeitlichen V-förmigen Kerbtäler durch das Vordringen der Eismassen während der Kaltzeiten in U-förmige Trogtäler umgewandelt. Der Prozess der Hebung und Abtragung der Alpen dauert bis heute an.

Arbeiten Sie auch mit einfachen **Skizzen**: Zeichnen Sie z. B. den Querschnitt eines **V-** und eines **U-Tals** an die **Tafel**.

Als sich während des Eiszeitalters im Pleistozän (vor ca. 2 Mio. bis 10 000 Jahren vor heute) die Gletscher der Alpen mit einer Mächtigkeit von bis zu 1 000 m ins nördliche Vorland schoben, wurde der Grundstein für die Entstehung des **Alpenvorlandes** gelegt. Die gewaltigen Eismassen schürften tiefe Becken (Zungenbecken) aus, welche nach dem Abtauen mit Schmelzwasser gefüllt als große Seen zurückblieben (z. B. Chiemsee, Starnberger See, Ammersee). Transportierte Materialien blieben nach dem Abschmelzen des Eises ähnlich wie im Norddeutschen Tiefland als Moränen zurück. Die Region nördlich der Moränen wurde von den Schmelzwässern überflutet. Es lagerten sich dort große Mengen an Sand, Kies und Geröllen ab. Die so genannten Schotterebenen waren entstanden (z. B. Münchener Schotterebene).

Da das **Alpenvorland** erst nach Entstehung der Alpen entscheidend geprägt wurde, bildet diese Großlandschaft den **Abschluss** der Aufgabe.

Führen Sie die wichtigen Vorgänge an und nennen Sie **Beispiele** für Zungenbeckenseen, die Sie an der **Wandkarte** sicher finden können.

3. **Typische Oberflächenformen der Großlandschaften**

Die Begriffe sind den Großlandschaften wie folgt zuzuordnen:

Begriff	**Großlandschaft**
Findling	Norddeutsches Tiefland
Vereisung	Norddeutsches Tiefland, Alpenvorland, Alpen
Hebung	Mittelgebirge, Alpen
Grabenbruch	Mittelgebirge
Glaziale Serie	Norddeutsches Tiefland, die Moränen und Schotterflächen (ähnlich wie Sanderflächen) haben sich auch im Alpenvorland gebildet
Sediment-ablagerungen	vor allem in den Alpen
Abtragung	Mittelgebirge, Alpen, Alpenvorland
Horstscholle	Mittelgebirge
Gebirgsvorland	Alpenvorland
Pultscholle	Mittelgebirge

Stellen Sie hierzu wieder eine **kleine Tabelle** zusammen. Greifen Sie auf bereits in Aufgabe 2 gewonnene Erkenntnisse zurück.

Außer der Begriffszuordnung wird hier nichts von Ihnen gefordert, Sie können daher diese Teilaufgabe relativ **zügig bearbeiten**.

Realschulabschluss (Sachsen) Mündliche Prüfung Geografie – Aufgabe 8: Zyklone – Wettererscheinungen

Aufgabenstellung

1. *Definieren* Sie den Begriff „Zyklone".
2. *Erklären* Sie die Entstehung von Zyklonen anhand von M 1.
3. *Erläutern* Sie die Wettererscheinungen beim Durchzug einer Zyklone über Mitteleuropa.
4. *Beschreiben* Sie anhand der Bodenwetterkarte das Wetter in München und geben Sie eine Wettervorhersage (M 2).

Materialien

M 1 Entwicklungsstadien eines wandernden Tiefdruckgebietes

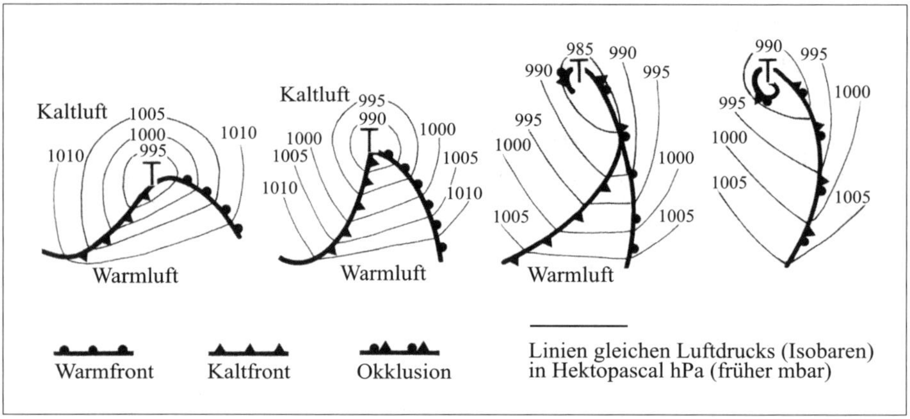

Quelle: Häckel, H.: Meteorologie, 1999, S. 266

M 2 Beispiel einer Bodenwetterkarte

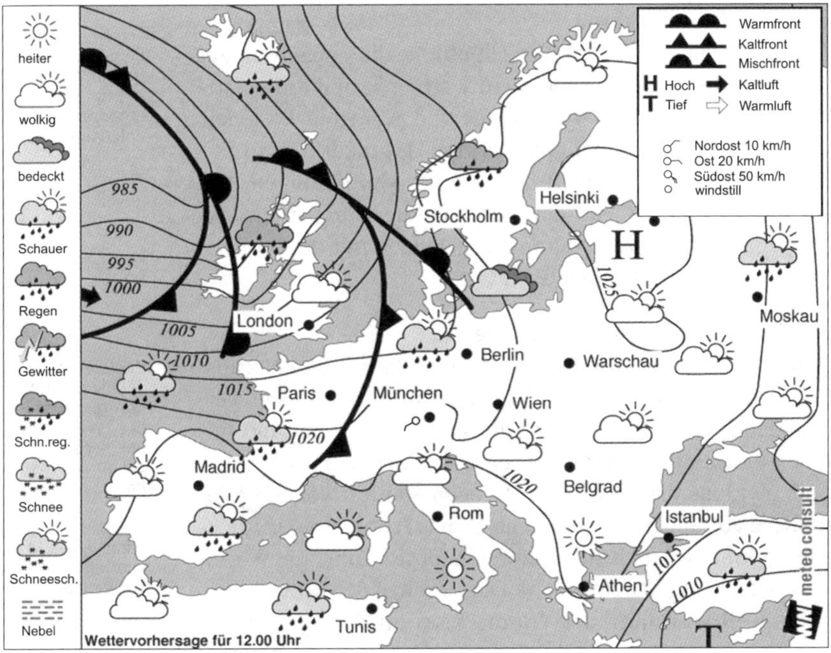

Quelle: © WNI meteo consult GmbH

Lösungsvorschlag

1. **Begriffsdefinition Zyklone**

Zyklonen sind wandernde **Tiefdruckgebiete**, die dynamisch aus der Verwirbelung kalter Polarluft und warmer Tropikluft entstehen und aus Warmfront, Warmsektor und Kaltfront bestehen. Der Tiefdruckkern ist dabei das Zentrum des niedrigsten Luftdrucks. Er nimmt nach außen hin in einer weiträumigen, fast kreisförmigen Zone zu. Auf der Nordhalbkugel drehen die Zyklonen gegen den Uhrzeigersinn und gelangen mit der vorherrschenden Westwindströmung nach Osten.

Geben Sie mit **eigenen Worten** wieder, was man unter dem Begriff Zyklone versteht.

2. **Entwicklungsstadien einer Zyklone**

Zwischen Neufundland und Island trifft Polarluft aus Nordosten auf warme Tropikluft aus Südwesten. Diese Luftmassen werden entgegen dem Uhrzeigersinn in Rotation versetzt und bilden einen mächtigen Luftwirbel – eine Zyklone. An der Vorderseite der Zyklone dringt Warmluft gegen Kaltluft vor, sie gleitet auf diese auf und es entsteht eine **Warmfront**. An der Rückseite der Zyklone bricht Kaltluft ein, schiebt sich unter die Warmluft, es entsteht eine **Kaltfront** (M 1). Zwischen den Fronten verbleibt ein Keil Warmluft, der Warmsektor. Im Kern der Zyklone wird Warmluft zum Aufsteigen gezwungen. Es herrscht Tiefdruck. Entgegen dem Uhrzeigersinn „wandert" dieser Tiefdruckwirbel in Richtung Mitteleuropa. Dabei bewegt sich die Kaltfront schneller als die Warmfront, der Warmsektor wird kleiner. Schließlich holt die Kaltfront die Warmfront ein, die Warmluft wird vom Boden abgehoben. Es kommt zum Ausgleich des Luftdrucks und damit zum Absterben der Zyklone, auch **Okklusion** genannt.

Zeigen Sie zunächst das **Entstehungsgebiet** der Zyklonen auf der Nordhalbkugel an der **Wandkarte**.

Beschreiben Sie dann, wie in M 1 vorgegeben, die **Entwicklungsstadien** in **4 Schritten**.

3. **Wettererscheinungen beim Durchzug einer Zyklone**

Zyklonen bringen wechselhaftes Wetter für Mitteleuropa. Das **Wetter** ändert sich je nach Größe und Ausmaß des Luftwirbels von 1 000 bis 2 000 km Durchmesser innerhalb von Stunden oder weniger Tage. Da an der Warmfront Warmluft auf Kaltluft aufgleitet, bilden sich zunächst Federwolken, die sich später zu einer Schichtwolkendecke verdichten, aus der es je nach Jahreszeit zu anhaltenden Regen- oder Schneefällen kommt.

Für die Erläuterung der Wettererscheinungen müssen Sie **genügend Zeit** einplanen. Gehen Sie dabei **systematisch** nach den 3 Abschnitten der Zyklone vor.

Die Temperaturen ändern sich zu Beginn kaum, steigen dann allmählich an. Der Luftdruck fällt stetig, die Sicht verschlechtert sich, der Wind frischt auf. Beim Durchzug des Warmsektors steigt die Temperatur rasch an, der Wind weht nun stärker aus westlicher Richtung. Der Luftdruck hat seinen Tiefstwert erreicht, die Niederschläge lassen aufgrund von Wolkenauflösung nach. Es stellt sich kurzzeitig schönes Wetter ein. An der Rückseite der Zyklone zwingt einbrechende Kaltluft die Warmluft zum raschen Aufsteigen. Es bilden sich mächtige Haufenwolken, aus denen es zu schauerartigen Niederschlägen kommt. Die Temperaturen sinken schnell ab, der Luftdruck jedoch steigt wieder an. Später klart es auf, die Niederschläge lassen nach, die Sicht wird deutlich besser. Die Zyklone hat das betreffende Gebiet durchzogen und hat sich aufgelöst. Besonders im April erreichen ganze Zyklonenfamilien Mitteleuropa und zeichnen für das so genannte Aprilwetter verantwortlich.

Beschreiben Sie **schrittweise** die Wettererscheinungen an den 3 Sektoren: nennen Sie jeweils die Temperatur-, Niederschlags-, Bewölkungs-, Wind- und Luftdruckverhältnisse.

Das nachfolgende Schaubild zeigt die Wettererscheinungen in den drei Abschnitten der Zyklone:

Eine stark **vereinfachte Skizze** (z.B. der obere Teil der nebenstehenden Abbildung) mit den 3 Sektoren der Zyklone erleichtert Ihnen die Arbeit; Sie können die Skizze während Ihres Vortrags an der **Tafel** anbringen.

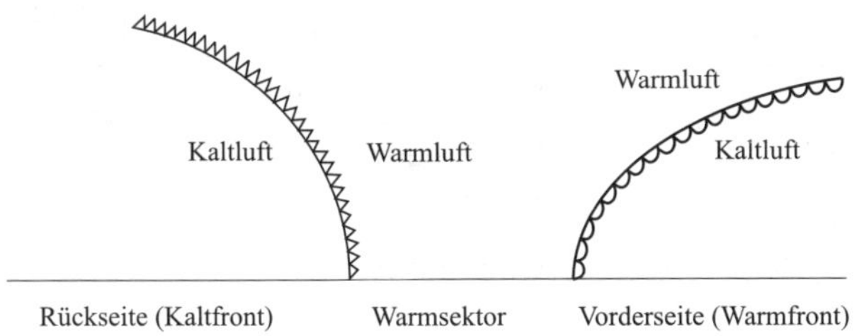

Temperatur	sinkt, weil kalte Luft einströmt und die warme Luft aufsteigt	= wärmster der 3 Teile	auf vorhandene Kaltluft gleitet warme Luft, deshalb leichter Temperaturanstieg
Niederschlag	Gewitterregen (kurz aber stark)	kein Niederschlag	Dauerregen
Bewölkung	Gewitterwolken (Haufenwolken)	keine Bewölkung	Schichtwolken (geschlossene Wolkendecke)
Wind	starker Wind	fast kein Wind	aufkommender Wind
Luftdruck	H (steigt allmählich)	T	H (fällt allmählich)
	3. Tag	**2. Tag**	**1. Tag**

4. **Auswertung einer Bodenwetterkarte**

München liegt im Bereich des Warmsektors einer Zyklone (M 2). Demzufolge sind milde Temperaturen zu erwarten. Es ist kaum bewölkt und niederschlagsfrei. Der Wind weht schwach aus südwestlicher Richtung und es herrscht Tiefdruck. Auf der Wetterkarte ist bereits die Kaltfront der Zyklone eingezeichnet. Diese wird in den nächsten Tagen das Wetter über München bestimmen. Mit Eintreten der Kaltfront sinken die Temperaturen, die Bewölkung nimmt zu und es wird aufgrund der Haufenbewölkung zu heftigen Schauern kommen. Der Wind wird kräftiger werden und der Luftdruck wieder ansteigen.

Die nachfolgende Tabelle zeigt im Überblick die wichtigsten Fakten, die bei der Auswertung der Wetterkarte beachtet werden müssen.

M 2 zeigt ein **Beispiel** für eine Bodenwetterkarte, die Sie zur **Auswertung** erhalten können.

Machen Sie sich zunächst mit der **Legende** vertraut: Für welche Wettererscheinungen stehen die **Symbole**? Beschreiben Sie dann für München die derzeitigen und die erwarteten Wetterbedingungen.

Wetter-elemente	**derzeitige Wetter-erscheinungen**	**Prognose**
Temperatur	mild	wird kälter
Bewölkung	z. T. wolkig	nimmt zu, Haufen- bzw. Gewitterwolken
Niederschlag	keiner	kurze, heftige Schauer
Wind	schwach aus südwestlicher Richtung	wird kräftiger
Luftdruck	Tiefdruck	steigt allmählich

Es empfiehlt sich, eine kleine **Tabelle** anzulegen, in die Sie die Ergebnisse Ihrer **Kartenauswertung** eintragen und die Sie als **Gedankenstütze** im Vortrag verwenden können.

Realschulabschluss (Sachsen) Mündliche Prüfung Geografie – Aufgabe 9: Japan – Ostasien

Aufgabenstellung

1. *Beschreiben* Sie die geografische Lage Japans und *erläutern* Sie die klimatischen Verhältnisse des Inselstaates (M 1).
2. *Begründen* Sie die Verteilung von Erdbeben- und Vulkangebieten auf der Erde und *erklären* Sie vor diesem Hintergrund die Entstehung der Japanischen Inseln (M 2).
3. *Erläutern* Sie, warum Japan häufig von Naturkatastrophen betroffen ist (M 2).
4. *Zeigen* Sie wichtige Industriegebiete Japans an der Wandkarte und *nennen* Sie Gründe für Japans herausragende Stellung in Weltwirtschaft und Welthandel (Atlas).

Materialien

M 1 Ausgewählte Klimastationen Japans

M 1 a Tokio (Insel Honshu)

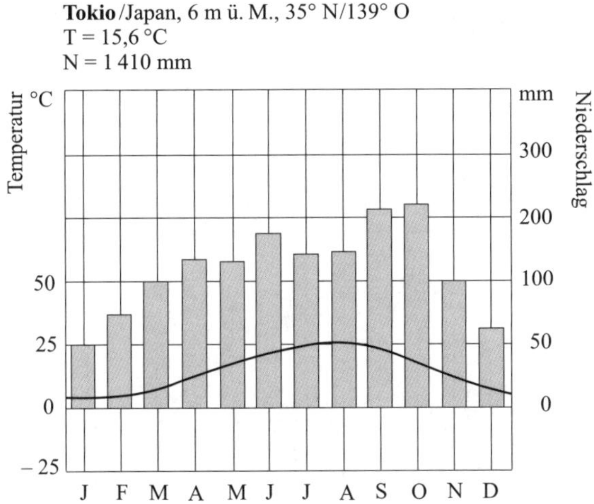

M 1 b Sapporo (Insel Hokkaido)

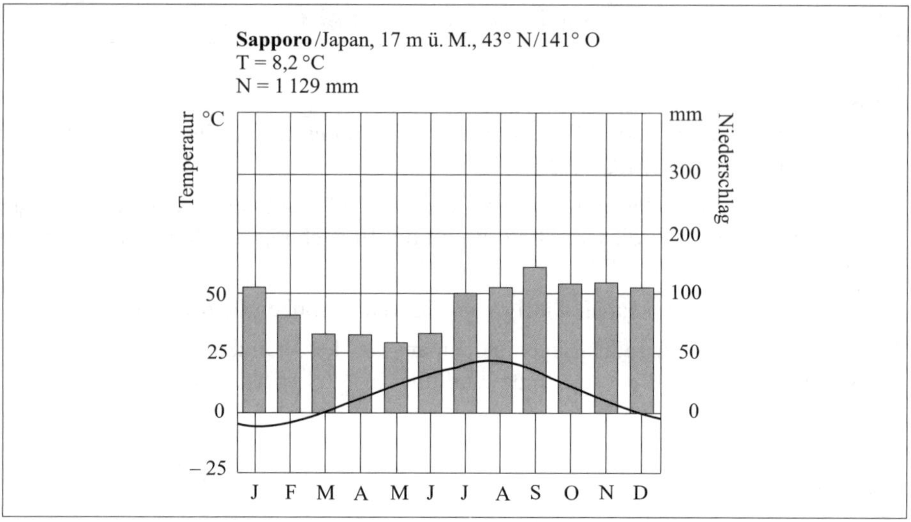

M 1 c Kagoshima (Insel Kyushu)

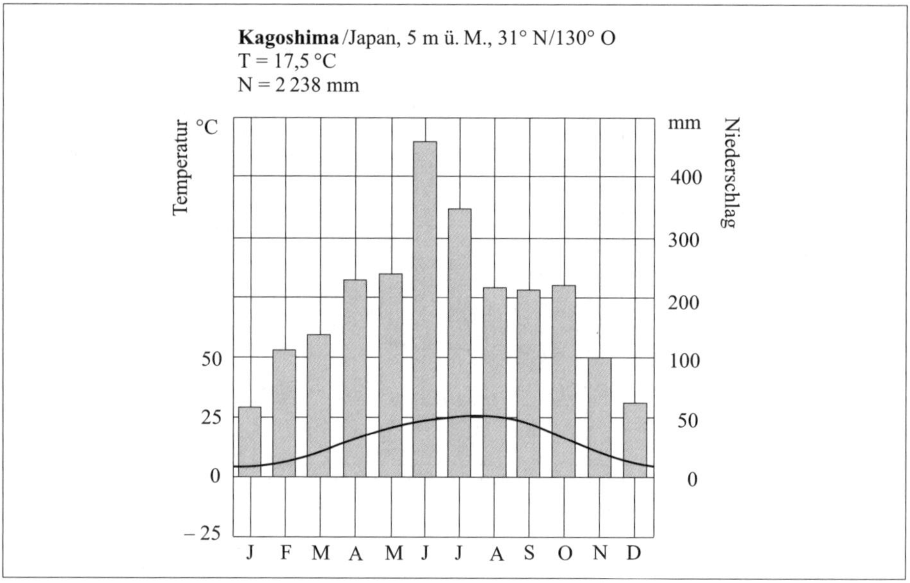

Quelle M 1 a bis M 1 c: nach www.klimadiagramme.de

M 1 d Durchschnittliche Vegetationsperiode in Japan

Region Japans	Dauer der Vegetationsperiode
Hokkaido, zentral gelegene Gebiete	4 Monate
Honshu, Nordostküste	5 Monate
Honshu, zentrale Gebiete im Nordosten	6 Monate
Honshu, Küstenregion Mitte	7 Monate
Kyushu, Süden	9 – 12 Monate

Quelle: eigene Zusammenstellung

M 2 Entstehung des Japanischen Inselbogens

M 2 a Situation vor Entstehung der Japanischen Inseln (vor ca. 120 Mio. Jahren)

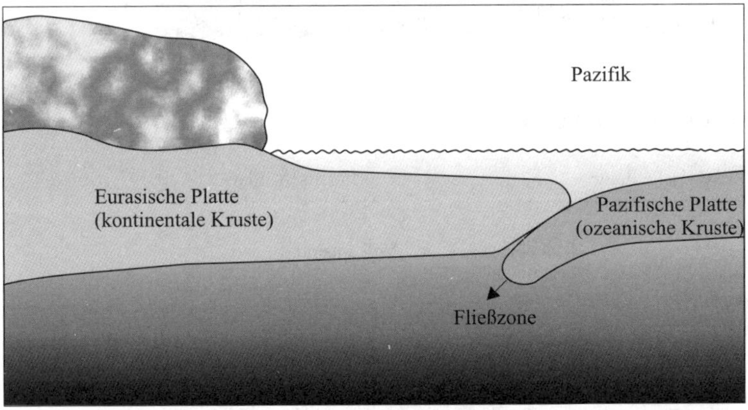

M 2 b Beginn der Bildung des Japanischen Inselbogens beginnt vor ca. 60 Mio. Jahren

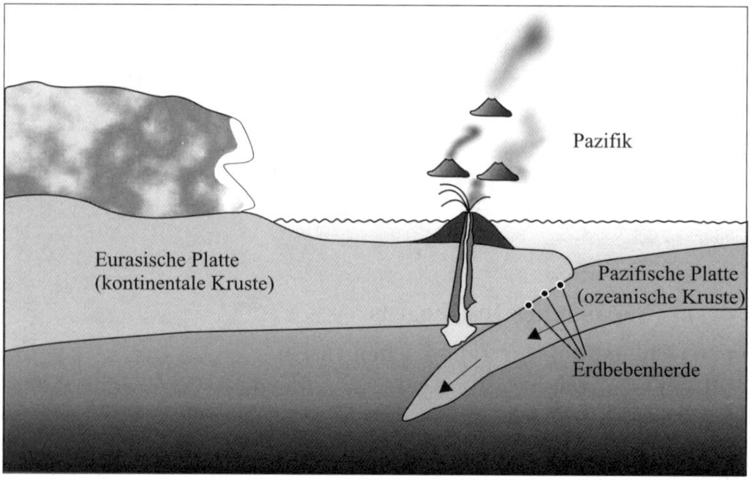

M 2 c Gegenwärtige Situation

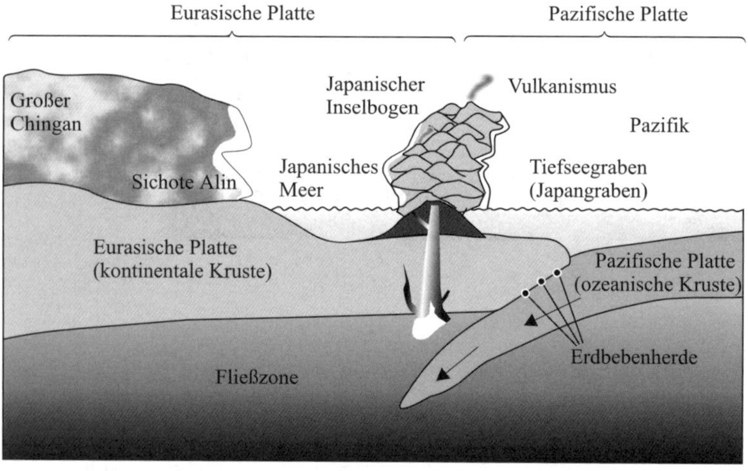

Quelle: M 2 a bis M 2 c: eigene Darstellung

Lösungsvorschlag

1. **Geografische Lage und Klima Japans**

Der Japanische Inselbogen gehört zu Ostasien und erstreckt sich zwischen 30° und 48° nördlicher Breite sowie zwischen 130° und 150° östlicher Länge. Die Hauptinseln sind von Nord nach Süd Hokkaido, Honshu, Shikoku und Kyushu. Japan ist ein Inselstaat, der im Osten durch den Pazifik, im Süden durch das Südchinesische Meer und im Westen durch das Japanische Meer begrenzt wird.

Ziehen Sie den **Atlas** (Asienkarte) heran; **notieren** Sie sich Lage im Gradnetz, Grenzen und Randmeere. Zeigen Sie an der **Wandkarte** die 4 Hauptinseln.

Die Japanischen Inseln liegen im Bereich des **Ostseitenklimas** der gemäßigten Zone. Dies sowie die Insellage sind der Grund für die hohen Jahresniederschläge, 1 129 mm auf Hokkaido, 1 410 mm auf Honshu und 2 238 mm auf Kyushu. Im Vergleich dazu liegen die durchschnittlichen Jahresniederschlagssummen in Deutschland bei 600 mm. Vergleicht man die Klimadiagramme von Sapporo (Hokkaido), Tokio (Honshu) und Kagoshima (Kyushu), so fällt auf, dass nur auf der Insel Hokkaido die Temperaturen unter 0 °C absinken. Der Jahresdurchschnitt der Temperatur liegt bei 8,2 °C und damit deutlich niedriger als auf den anderen Inseln. Die Sommertemperaturen erreichen in den Monaten Juli und August jedoch 24 °C. Das Jahresmittel der Temperatur liegt auf den zwei südlicheren Inseln Honshu und Kyushu bei 15,6 °C bzw. 17,5 °C. Im Sommer erreichen die Temperaturen hier Werte um 25 °C, in den Wintermonaten sinken die Temperaturen kaum unter die 0 °C-Grenze, sie liegen etwa bei 2 °C (M 1 a bis M 1 c).

Arbeiten Sie mit **Atlaskarten** (Asien, Klima). Zeigen Sie an der **Wandkarte** die Stationen von M 1.

Vergleichen Sie **systematisch** die Temperatur- und Niederschlagswerte der **Klimadiagramme** miteinander. Wo gibt es **Unterschiede**?

Um die hohen Niederschläge in Japan zu verdeutlichen, können Sie zum **Vergleich** die Jahresniederschläge Deutschlands einbringen.

Aber auch nur auf einer Insel gibt es bei der räumlichen Verteilung der Niederschlagsmengen große Unterschiede. So sind z. B. die Niederschläge im Westen der Insel Honshu höher als die an der Ostseite (M 1 a). Die Differenz liegt bei etwa 100 mm pro Jahr. Im Winter strömt kalte Polarluft nach Japan, die über dem Japanischen Meer Feuchtigkeit aufnimmt. Sie sorgt für Niederschläge in Form von Schnee und für kalte Temperaturen im Nordwesten des Landes. Im Sommer bestimmen tropische Luftmassen die Niederschlagsmenge und die Temperaturverhältnisse.

Ziehen Sie zur Erklärung des **Gesamtklimas** und der **regionalen Unterschiede** die geografische Lage, die Luftmassen und Meeresströmungen hinzu.

Das Klima Japans wird zudem von kalten Meeresströmungen an der Westseite und warmen Meeresströmungen an der Ostseite beeinflusst, die ebenfalls zu starken Temperaturgegensätzen führen. Während im Norden gemäßigtes Klima vorherrscht, wird der Süden durch fast subtropische Klimaverhältnisse ge-

Versuchen Sie, nach der Darstellung der Unterschiede, die **Klimadiagramme** den Klimazonen **zuzuordnen**.

prägt. Zu erkennen ist dies auch an der Vegetationsdauer, die von 4 Monaten im Norden Hokkaidos bis zu 12 Monaten auf Kyushu im Süden reicht (M 1 d).

2. **Geologie: Enstehung des Japanischen Inselbogens**

Erdbeben- und Vulkangebiete befinden sich im Bereich des **Zirkumpazifischen Gebirgsgürtels** der Erde. Dieser erstreckt sich entlang der Grenzen von Großplatten der **Lithosphäre**. Diese ozeanischen bzw. kontinentalen Platten bewegen sich auf der so genannten **Fließzone**, der Magmazone, die sich in ca. 100 km Tiefe innerhalb des oberen Erdmantels befindet. Aufgrund hoher Temperaturen wird hier das Gestein aufgeschmolzen und verformbar. An den Grenzen der Lithosphärenplatten haben sich Mittelozeanische Rücken, Tiefseegräben und Querbrüche (Transformationsstörungen) gebildet. An diesen tektonisch schwachen Stellen der Lithosphäre kommt es verstärkt zu Vulkanismus und Erdbeben.

Bei der Arbeitsanweisung **„begründen“** ist eine **umfassende** Bearbeitung gefordert: Tragen Sie Ursachen und Bedingungen der Entstehung Japans zusammen. Achten Sie auf **Vollständigkeit**.

Notieren Sie sich auch **Erkenntnisse**, die Sie dazu im **Unterricht** gesammelt haben.

Der Japanische Inselbogen liegt im Bereich einer **Subduktionszone** (Abtauchzone) zweier Platten. Die Pazifische Platte begann vor 120 Mio. Jahren unter die Eurasische Platte abzutauchen (M 2 a). In der Tiefe schmolz das Gestein. Magma drang in Spalten an die Plattenoberfläche und es entstanden Vulkane, zunächst unter dem Meeresspiegel. Da der Vorgang andauerte, kam es vor 60 Mio. Jahren zur Bildung vulkanischer Inseln im Pazifik (M 2 b). Diese Inseln sind im Verlauf der Erdgeschichte zum Japanischen Inselbogen zusammengewachsen (M 2 c). Starke Erdbeben und Vulkanismus zeugen gegenwärtig davon, dass die plattentektonischen Vorgänge in dieser Region weiterhin andauern.

Eine **Atlaskarte** zur Plattentektonik der Erde kann Ihre Arbeit unterstützen. Nennen Sie die im Falle von Japan betroffenen Platten und beschreiben Sie deren Bewegung.

Entwerfen Sie eine **einfache Skizze** und erklären Sie jeden Entstehungsschritt mit nur einem Satz.

3. **Ursachen der Naturkatastrophen in Japan und ihre Auswirkungen**

Erdbeben und **Vulkanausbrüche** gehören zu den häufigsten Naturkatastrophen in Japan. Mehr als 1 000-mal pro Jahr bebt die Erde. Auf den Inseln gibt es über 70 tätige Vulkane, das sind über 10 % aller aktiven Vulkane der Welt.

Tsunamis sind riesige Flutwellen, die sich mit einer Geschwindigkeit von bis zu 900 km/h ausbreiten können und ganze Küstenregionen verwüsten. Ausgelöst werden sie von starken Seebeben, die am bzw. unter dem Meeresboden entstehen. Dabei sackt der Meeresboden und die darüber liegenden Wasser-

Sie können einen **aktuellen Bezug** herstellen: Verweisen Sie darauf, wie häufig über Erdbeben, Vulkanausbrüche, Tsunamis oder Taifune in Japan in der Zeitung oder im Fernsehen berichtet wird.

massen ab. Es entsteht zunächst eine kaum mehr als 1 m hohe Welle, die sich auf die Küste zubewegt. Danach zieht sich das Wasser erneut vom Ufer zurück und löst die bis zu 60 m hohe Flutwelle aus. Auch tropische Wirbelstürme, die **Taifune**, zerstören immer wieder Ackerflächen und Siedlungen.

Gehen Sie auch auf die Entstehung und die verheerenden **Auswirkungen** ein.

Im Verlauf von Jahrzehnten haben die Japaner gelernt, mit diesen Naturgewalten zu leben. Modernste Technologien vor allem in der Bauindustrie sorgen heute für erdbebensichere Bauten mit Fenstern aus Panzerglas, mit Stahl und Betonteilen, die sehr hohen Belastungen, Druck und Zerrungen standhalten. Es wird auch an der Verbesserung seismografischer Anlagen gearbeitet, um Vulkanausbrüche besser voraussagen zu können. Zum persönlichen Schutz findet jedes Jahr am 1. September eine landesweite Übung und Ausbildung statt, um den Bewohnern zu zeigen, wie sie sich im Katastrophenfall verhalten sollten.

Führen Sie zum **Abschluss** dieser Teilaufgabe an, wie sich die Menschen in Japan vor diesen Naturkatastrophen schützen.

4. Wirtschaftliche Entwicklung Japans – Stellung auf dem Weltmarkt

Die **Hauptindustriestandorte** Japans befinden sich vor allem an der Ostküste. Zu ihnen gehören Tokio, Yokohama und Nagoya als Standorte der chemischen Industrie, des Maschinenbaus, der Elektrotechnik/Elektronik und des Schiffbaus. An der Westküste zählen Kobe, Osaka, Hiroshima und Kitakyushu zu den führenden Industriestandorten mit Industriezweigen wie z. B. Schiffbau, optische und chemische Industrie.

Suchen Sie **Atlaskarten** zur Wirtschaft Japans und zum Welthandel. Führen Sie **tabellarisch** einige Industriestandorte mit ihren Industriezweigen an. Arbeiten Sie mit der **Wandkarte**.

Japan zählt zu den rohstoffärmsten Ländern der Welt und ist dadurch auf teure Importe mit hohen Transportkosten angewiesen. Hauptlieferanten für Steinkohle und Eisenerz sind Australien, die USA und Kanada, aber auch Brasilien und Südafrika. Die bedeutendsten Erdöllieferanten sind neben Australien und den Golfstaaten auch Iran und Mexiko.

Weisen Sie auf die Rohstoffarmut Japans hin und stellen Sie den **Zusammenhang** zur Importabhängigkeit in diesem Bereich her.

Um die hohen Kosten decken zu können, setzte die japanische Wirtschaft schon zu Beginn der 60er-Jahre auf **Forschung** und **Entwicklung** modernster Technologien und eroberte innerhalb weniger Jahrzehnte mit hochleistungsfähigen Computeranlagen, technischen Geräten, Fahrzeugen, Industrierobotern, Kameras u. a. den Weltmarkt. Auch auf dem Gebiet der Unterhaltungselektronik, im Nutzfahrzeugbau und im Bau von Überseeschiffen gehört Japan zu den führenden Nationen. Firmen wie Mitsubishi, Toyota, Nissan, Sony, Panasonic, Nintendo und Fuji gehören zu den großen Exporteuren des Landes.

Nennen Sie jene Wirtschaftsbereiche, mit denen sich Japan seine herausragende Stellung auf dem Weltmarkt erobert hat. Führen Sie **Beispiele** aus Ihrem **Alltag** an: Nennen Sie bekannte japanische Auto- oder Elektronikmarken.

Japans Konzerne haben im Ausland investiert und Zweigbetriebe errichtet. Japanische Banken und Versicherungen sind in den größten Städten der Welt zu finden. Heute arbeitet Japan nach modernsten Verfahren und Produktionstechnologien, ein Ergebnis langjähriger Forschung und Ausbildung hoch qualifizierter Fachkräfte, die bereits in der Schule einsetzt.

Zu den in Japan praktizierten Produktionsverfahren gehört unter anderem die **just-in-time-production**, bei der die Zulieferindustrie nach Bedarf und zum entsprechenden Zeitpunkt liefert. Dadurch kann Kosten sparend produziert werden. Eine weitere anerkannte Strategie ist die **lean production**, bei der die Unternehmen nur noch als Endhersteller fungieren. Produktionsschritte werden ausgelagert und von kleineren Zulieferern übernommen. Das spart ebenfalls enorme Produktionskosten.

Nennen Sie **Maßnahmen**, die in Japan zur Produktionssteigerung eingesetzt werden und erklären Sie die verwendeten **Begriffe**. Setzen Sie Wissen aus dem Unterricht ein.

Ohne den Fleiß, den Wissensdrang und den Nationalstolz der Japaner wäre dieser Erfolg jedoch nicht möglich. Die Japaner haben einen ausgeprägten Familiensinn. Die Familien halten zusammen und dieses Gemeinschaftsgefühl übertragen sie auch auf ihre Firma. So ist es nicht selten, dass Arbeiter und Angestellte zum Erhalt ihres Konzerns auf Urlaub verzichten. Auch Löhne liegen in Japan unter den in Deutschland üblichen.

Gehen Sie **abschließend** auch auf die **japanische Denkweise** ein, die das Leben und Arbeiten dort bestimmt.

Realschulabschluss (Sachsen) Mündliche Prüfung Geografie – Aufgabe 10: Der Doppelkontinent Amerika – Oberflächenformen und klimatische Besonderheiten Nordamerikas

Aufgabenstellung

1. *Ordnen* Sie den Doppelkontinent Amerika hinsichtlich seiner geografischen Lage *ein*. *Erklären* Sie dabei die Begriffe „Latein-“ und „Angloamerika“ und nennen Sie die größten Staaten (Atlas, Wandkarte).
2. *Nennen* und zeigen Sie an der Wandkarte die Großlandschaften des Doppelkontinents. *Erklären* Sie die Entstehung der Anden (M 1, M 2, Atlas).
3. *Nennen* Sie die Klimazonen Nordamerikas und *begründen* Sie deren Azonalität. *Gehen* Sie dabei auf klimatische Besonderheiten *ein* (Atlas).
4. *Definieren* Sie die Begriffe „Blizzard“, „Tornado“ und „Hurrikan“. *Erläutern* Sie, welche Auswirkungen sie auf das Wettergeschehen Nordamerikas haben.

Materialien

M 1 Geologische Strukturen Westamerikas

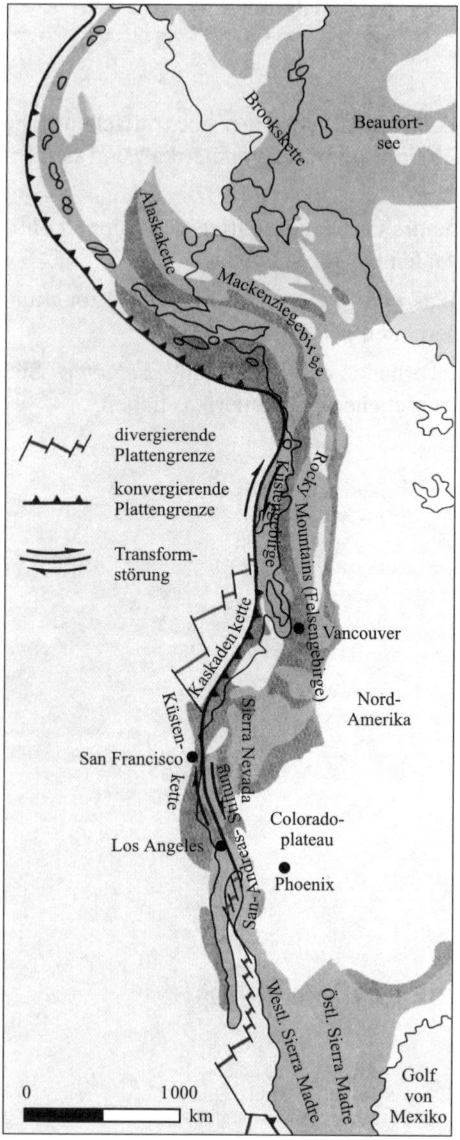

Quelle: Press, F./Sievers, R.: Understanding Earth. © 2001, 1998, 1994 W. H. Freeman and Company, New York, S. 474 (Seitenangabe bezieht sich auf die deutsche Ausgabe)

M 2 Entstehung der Anden

→ vor ca. 150. Mio. Jahren: Ablagerung von Sedimenten
→ vor ca. 60 Mio. Jahren: Faltung
→ heute: Hebung, Abtragung

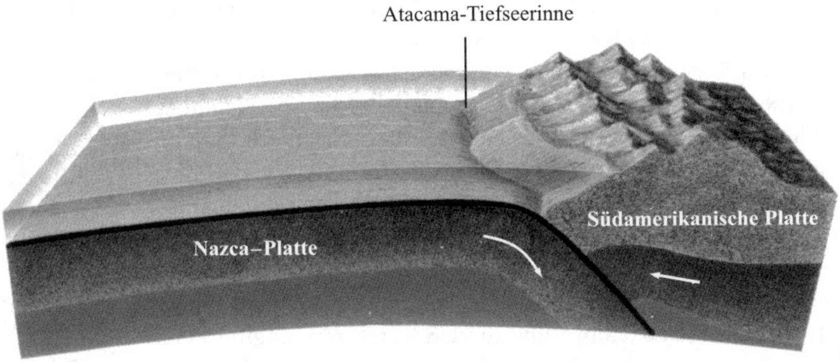

Quelle: Press, F./Sievers, R.: Understanding Earth. © 2001, 1998, 1994 W. H. Freeman and Company, New York, S. 456 (Seitenangabe bezieht sich auf die deutsche Ausgabe)

Lösungsvorschlag

1. **Geografische Lage Amerikas**
Der Doppelkontinent Amerika erstreckt sich vom Nordpolarmeer bis nach Feuerland. Er liegt zwischen 80° nördlicher Breite und 55° südlicher Breite sowie zwischen 168° und 35° westlicher Länge. Der Pazifik begrenzt den Kontinent im Westen, der Atlantik im Osten. Mittelamerika verbindet als schmale Landzunge Nordamerika mit Südamerika und wird durch den Golf von Mexiko und das Karibische Meer begrenzt.

Arbeiten Sie mit dem **Atlas** (physische Karte von Amerika) und **notieren** Sie die Lage des Kontinents im Gradnetz sowie seine Begrenzungen.

Da Nordamerika vorrangig von englischsprachigen Europäern erobert und besiedelt wurde, erhielt es die Bezeichnung Angloamerika. Der mittelamerikanische und südamerikanische Kontinent wurde von den Spaniern und Portugiesen in Besitz genommen. Daraus resultiert auch die Bezeichnung Lateinamerika für diesen Teil des Doppelkontinents, da die beiden Sprachen Spanisch und Portugiesisch ihen Ursprung im Lateinischen haben. Die größten Staaten Nordamerikas sind Kanada mit der Hauptstadt Ottawa und die USA mit Washington D.C. Zu den flächenmäßig größten Staaten Lateinamerikas zählen Argentinien (Hauptstadt Buenos Aires), Brasilien (Brasilia) sowie Chile (Hauptstadt Santiago de Chile). Der größte Staat Mittelamerikas ist Mexiko mit Mexiko City.

Greifen Sie bei der Erklärung der Begriffe auf **Kenntnisse** aus dem **Geschichtsunterricht** zurück.

Entnehmen Sie der ausgewählten **Atlaskarte** die größten Staaten, **notieren** Sie sich die **Hauptstädte** dazu und zeigen Sie beides an der **Wandkarte**.

2. **Großlandschaften Amerikas und Entstehung des Anden-Gebirges**
Die Landschaft des Doppelkontinents Amerika ist vorwiegend durch **Hochgebirge**, **Mittelgebirgslandschaften** und **Tiefländer** gekennzeichnet. Prägend für das Landschaftsbild Amerikas sind im Westen des Kontinents die Kordilleren, die sich von Alaska bis nach Feuerland erstrecken. In den Kordilleren Nordamerikas dominiert der Gebirgszug der Rocky Mountains neben dem Kettengebirge, dem Kaskadengebirge und der Sierra Nevada (M 1).

Beschreiben Sie die Großlandschaften **systematisch** zunächst von **Westen nach Osten** und dann von **Norden nach Süden**. Beginnen Sie mit Nordamerika.

Diese Gebirge umrahmen das Große Becken mit dem Salzsee, das Coloradoplateau mit dem Grand Canyon sowie das Columbiaplateau mit seinen mächtigen Deckergüssen aus Basalt. Im zentralen Teil Nordamerikas befinden sich die Inneren Ebenen, die Great Plains. Nach Osten hin steigt das Relief wieder an. Dort liegen die Appalachen, ein Bruchschollengebirge, dessen Untergrund aus gefalteten Rümpfen besteht. Der Kanadische Schild im Norden des Kontinents war vor 1,5 Mio. Jahren glaziales Abtragungsgebiet und war von einer 300 m mächtigen Eisdecke bedeckt. Das abgetragene Material wurde von den Gletschern bis in das Gebiet südlich der Großen Seen transportiert und dort abgelagert. Es entstanden weite Moränenlandschaften. Die Großen Seen selbst sind ehemalige, von Gletschern ausgeschürfte **Zungenbeckenseen**. Im Süden des Teilkontinents erstreckt sich das Golftiefland. Mächtige Flüsse z. B. der Mississippi, der Missouri und der Ohio haben hier meterhohe Sedimentschichten abgelagert. Man spricht daher von einer **Aufschüttungsebene**.

Machen Sie sich zur Entstehung jeder Großlandschaft ein paar **Stichworte**, nennen Sie auch **Zahlen**, z. B. Angaben zur geschätzten Mächtigkeit der Eisdecke.

Bauen Sie **wichtige Fachbegriffe** mit ein. Zeigen Sie in Ihrem Vortrag die Großlandschaften an der **Wandkarte** und halten Sie sich an Ihre **Notizen**.

Das Hochgebirge der Anden an der Westküste Südamerikas ist ein Faltengebirge, das vor 60 Mio. Jahren entstanden ist. Weitere Großlandschaften Lateinamerikas sind das Brasilianische Bergland und das Bergland von Guayana, beide zählen zu den **Bruchschollengebirgen**. Das Tiefland des Amazonas und die Tiefebene des Parana sind wiederum große Aufschüttungsebenen, geschaffen von den Flüssen Amazonas, Parana und Paraguay.

Setzen Sie Ihre Beschreibung mit den Großlandschaften Südamerikas **fort**.

Die **Anden** sind ein **junges Faltengebirge** (vor 60 Mio. Jahren entstanden), dessen Heraushebung bis heute andauert (M 2). Sie sind das Ergebnis plattentektonischer Bewegungen. Durch die so genannte **Kontinentaldrift** bewegt sich die Nazcaplatte ostwärts und stößt mit der Südamerikanischen Platte zusammen. Die ozeanische Nazcaplatte, die wesentlich schwerer ist, tauchte zur Entstehungszeit der Anden unter die kontinentale Südamerikanische Platte ab. Es bildete sich der Atacama-Tiefseegraben, in dem es zur Sedimentation mächtiger Gesteinsschichten kam. Durch die sich weiter aufeinanderzubewegenden Platten wurden diese Ablagerungen untermeerisch gefaltet und wegen ihrer geringeren Dichte auf die kontinentale Kruste aufgeschoben. Die Ränder der abtauchenden Platte wurden aufgeschmolzen. Dadurch entstanden in großen Tiefen unterschiedli-

Arbeiten Sie mit einer **Atlaskarte** zur Plattentektonik der Erde. **Notieren** Sie die beiden Platten, die an der Entstehung der Anden beteiligt waren.

Für die **detaillierte** Beschreibung verwenden Sie M 2: **Gliedern** Sie in die Prozesse Sedimentation, Faltung, Hebung, Abtragung. **Notieren** Sie sich jeweils ein **Stichwort** und eine **Zeitangabe** dazu.

che Metalle, die mit der Heraushebung der Anden nach oben befördert wurden. Daher gehören die Anden zu den erzreichsten Gebirgen der Welt. Erdbeben und Vulkanausbrüche zeugen von der noch andauernden Hebung der Anden.

3. **Die Klimazonen Nordamerikas**

Der Nordamerikanische Kontinent hat Anteil an fast allen Klimazonen der Erde. So finden wir im Norden die **polare Klimazone**, nach Süden erstrecken sich die **subpolare** und die **gemäßigte Klimazone**. Die südlichen Gebiete liegen im Bereich des subtropischen Wechselklimas. Die zonale Anordnung der Klimazonen in Nordamerika wird jedoch teilweise durch klimatische Besonderheiten unterbrochen. Hervorgerufen werden diese durch die Reliefstruktur des amerikanischen Kontinents. Die Gebirge verlaufen in Nord-Süd-Richtung. Dadurch können polare Luftmassen sehr weit nach Süden vordringen. Es sind die so genannten **„Northers“** (von engl. north; bezeichnet von Norden einströmende Kaltluft), die zu extremen Kälteeinbrüchen im Süden führen. Im Gegensatz dazu dringen die **„Southers“** (engl. south, Süden) in den Sommermonaten sehr weit nach Norden vor. Hier handelt es sich um tropisch heiße Luftströmungen, die zu extrem großer Hitze im Norden der USA und Kanada führen.

Für diese Aufgabe benötigen Sie eine **Atlaskarte** der Klimazonen der Erde. Nennen Sie die in Nordamerika vertretenen Klimazonen und zeigen Sie diese an der **Wandkarte**.

Greifen Sie anschließend den Begriff „Azonalität“ aus der Aufgabenstellung heraus. Ihre **Begründung** der besonderen klimatischen Verhältnisse Nordamerikas müssen Sie mit **stichhaltigen Argumenten** belegen.

Die Gebirgsketten im Osten und Westen des Landes sind die Ursache für die extreme Trockenheit im zentralen Teil Nordamerikas, den Inneren Ebenen. Die vom Meer kommenden Luftmassen werden an den Gebirgen zum Aufstieg gezwungen, es kommt zu Stauregen (Luv-Seite). Zum Landesinneren hin nehmen sie nicht schnell genug Feuchtigkeit auf. Die Gebirgsseiten, die ins Kontinentinnere zeigen, liegen demzufolge im Regenschatten (auch Lee-Seite genannt). Dort herrscht Niederschlagsmangel. Ausnahmen bilden die heftigen Gewitter, die entstehen, wenn feuchtheiße Luft aus dem Golf von Mexiko nach Norden strömt und dort auf kältere Luftmassen trifft. Kalte Meeresströmungen an der Westküste und warme Meeresströmungen an der Ostküste beeinflussen ebenfalls das Klima Nordamerikas. So herrschen vor allem an der Ostküste sehr milde Winter vor.

Zeigen Sie in diesem Zusammenhang, welche Rolle die Gebirgszüge, die Meeres- und Luftströmungen spielen.

Nennen Sie **Beispiele** und setzen Sie **Fachbegriffe** ein.

4. **Extreme Wetterereignisse: Blizzards, Tornados, Hurrikans**

Starke Schneestürme, die mit den Kaltluftvorstößen, den Northers, sehr weit nach Süden vordringen, werden als **Blizzards** bezeichnet. Sie sind die Ursache für Blitzeis (schlagartiges Überfrieren der Niederschläge aufgrund niedriger Bodentemperaturen), starke Kälteeinbrüche und heftige Schneefälle, die besonders an der Ostküste auftreten und das Leben in den Städten lahm legen können.

Definieren Sie nacheinander die **Begriffe** Blizzard, Tornado und Hurrikan; nennen Sie jeweils ein **Beispiel** für die Auswirkungen dieser extremen Wettererscheinungen in den betreffenden Regionen.

Tornados sind Wirbelstürme, die in den zentralen Teilen (besonders in der Tiefebene des Mississippi) Nordamerikas auftreten. Dabei erwärmt sich die Landmasse im Sommer sehr stark. Der Wirbel (Rüssel) eines Tornados entsteht durch das Absinken kalter Luftmassen auf die darunter liegende feuchtwarme Luft. Diese wird nach oben gewirbelt. Tornados können eine Geschwindigkeit von mehr als 200 km/h erreichen und richten dadurch besonders große Schäden in den Siedlungen und in der Landwirtschaft an.

Hurrikans sind Wirbelstürme, die durch das Aufeinandertreffen von kalten und warmen Luftmassen in Äquatornähe über dem Meer entstehen. Mit dem Vordringen tropischer Luftmassen nach Norden erreichen Stürme die Südküste der USA und richten mit Geschwindigkeiten von 300 km/h verheerende Schäden an.

Stichwortverzeichnis

Leerseiten verbilligen in diesem Fall die Herstellung des Buches!

Leerseiten verbilligen in diesem Fall die Herstellung des Buches!

Ihre Meinung ist uns wichtig!

Ihre Anregungen sind uns immer willkommen.
Bitte informieren Sie uns mit diesem Schein über Ihre Verbesserungsvorschläge!

Titel-Nr.	Seite	Fehler, Vorschlag

Bitte hier abtrennen

Lernen ist ...
STARK

Zutreffendes bitte ankreuzen!

Die Absenderin/der Absender ist:

- ☐ Lehrer/in
- ☐ Fachbetreuer/in
  Fächer: ______
- ☐ Seminarlehrer/in
  Fächer: ______
- ☐ Regierungsfachberater/in
  Fächer: ______
- ☐ Oberstufenbetreuer/in
- ☐ Schulleiter/in
- ☐ Referendar/in, Termin 2. Staatsexamen: ______
- ☐ Leiter/in Lehrerbibliothek
- ☐ Leiter/in Schülerbibliothek
- ☐ Sekretariat
- ☐ Eltern
- ☐ Schüler/in, Klasse: ______
- ☐ Sonstiges: ______

Unterrichtsfächer: (Bei Lehrkräften!)

______

Stark Verlag
Postfach 1852
85318 Freising

11-V2N

Bitte ausfüllen und im frankierten Umschlag an uns einsenden. Für Fensterkuverts geeignet.

Kennen Sie Ihre Kundennummer?
Bitte hier eintragen.

Absender (Bitte in Druckbuchstaben!)

Name/Vorname

Straße/Nr.

PLZ/Ort

Telefon privat für Rückfragen

Geburtsjahr

E-Mail-Adresse

Schule/Schulstempel (Bitte immer angeben!)

(Bitte blättern Sie um)